經濟部技術處110年度專案計畫

2021資訊軟體暨服務產業年鑑

中華民國110年9月30日

序

2020 年 COVID-19 疫情對全球產業造成嚴重衝擊，也讓業者面臨生存危機，除了仰賴政府提供的補助緩解情勢，業者亦須在營運上進行調整，而這波疫情也全面改變人類消費、工作與企業生產的型態。

在這個疫情下的「新常態」，如何透過資訊軟體與服務來協助進行應變並建立彈性工作環境為當務之急，數位轉型更成為企業無法迴避的難題與挑戰，因此，數位轉型已成為臺灣提升競爭力的重要關鍵。

展望 2021 年，產業如能善用資訊軟體與服務來建立數位轉型生態圈，並掌握數位發展的相關法規與政策，結合創新實驗場域，持續發展跨領域共創與加值應用，並善用平台來串接轉型供需端，將可對產業競爭力的提升帶來重大助益。

在全球市場快速變化、數位轉型浪潮興起與典範轉移之際，如能從市場需求，發展跨領域的軟體應用服務，並配合政府的創新產業政策，發展數位轉型創新應用，除了驅動提升臺灣的資訊服務與軟體產業競爭力，也可成為產業數位轉型的重要契機。

在經濟部技術處的長期支持與指導下，《2021 資訊軟體暨服務產業年鑑》順利出版。本年鑑探討全球與臺灣資訊軟體暨服務市場的發展現況與動態，剖析最新資訊軟體產業發展概況與趨勢，對政府研擬產業政策、企業組織策略規劃及學界進行產業研究，皆有所助益，也期盼能透過資訊軟體與應用服務，協助臺灣各產業和政府部門發展數位轉型的創新模式。

財團法人資訊工業策進會　　執行長

中華民國 110 年 9 月

編者的話

《2021 資訊軟體暨服務產業年鑑》主要收錄臺灣 2021 年資訊服務暨軟體市場發展現況與動態。本年鑑邀請資訊軟體暨服務產業相關領域之多位專業產業分析師共同撰寫，內容不但涵蓋全球與臺灣資訊軟體暨服務市場的發展現況、廠商動態等，亦包含市場趨勢與規模預估，以及產業展望探討。期盼本年鑑中的資訊能提供給資訊服務業者、政府單位，以及學術機構等，作為擬訂決策或進行學術研究時的參考工具書。

本年鑑除了彙整及分析整體資訊軟體暨服務市場動態之外，亦針對領域進行觀測及發展動態追蹤，以強化年鑑內容豐富度。除此之外，本年鑑亦加入人工智慧應用、資訊安全及顧客關係軟體之創新應用等熱門議題，期望能反映近期資訊軟體暨服務市場的關注焦點。年鑑內容總共分為六章，茲將各章之內容重點分述如下：

第一章：總體經濟暨產業關聯指標。本章內容包含全球與臺灣經濟發展指標與產業關聯重要指標兩大區塊，俾使讀者能掌握近年總體經濟表現狀況與主要地區資訊服務與軟體市場之發展。

第二章：資訊軟體暨服務市場總覽。本章分述全球與臺灣資訊軟體暨服務市場發展現況，包括各主要地區之市場動態、行業別市場規模、主要業別資訊應用現況，以及品牌大廠動態等，讓讀者得以快速掌握資訊服務與軟體市場的發展脈動。

第三章：全球資訊軟體暨服務市場個論。本章探討全球系統整合、資訊委外、雲端服務等資訊服務領域，除了分析市場趨勢、產業動態，亦闡述該領域業務之未來發展狀況。

第四章：臺灣資訊軟體暨服務市場個論。此章進一步聚焦臺灣系統

整合、資訊委外、雲端服務等領域，除了分析市場趨勢、產業動態，亦闡述該領域業務之未來發展狀況。

第五章：焦點議題探討。本章針對人工智慧、資訊安全以及顧客關係管理應用趨勢分析等議題進行剖析，內容包括市場趨勢、資訊應用趨勢與服務模式等，以提供讀者有關資訊服務新興議題之相關情報。

第六章：未來展望。本章針對資訊技術發展、產業發展趨勢、行業發展機會與展望，分別總結研究內容以供政府單位在制定產業政策時，以及相關業者在擬定企業決策時之參考。

附　　錄：全球主要國家或地區之資訊服務與軟體產業政策、國際資服大廠動態，以及中英文專有名詞對照表，以供讀者作為補充參考之用。

本年鑑內容涉及之產業範疇甚廣，若有疏漏或偏頗之處，懇請讀者踴躍指教，俾使後續的年鑑內容更加適切與充實。

《2021 資訊軟體暨服務產業年鑑》編纂小組　謹誌

中華民國 110 年 9 月

目 錄

第一章　總體經濟暨產業關聯指標...1
　　一、全球經濟發展指標..1
　　二、產業關聯重要指標..7

第二章　資訊軟體暨服務市場總覽...13
　　一、全球市場總覽..16
　　二、臺灣市場總覽..37

第三章　全球資訊軟體暨服務市場個論..49
　　一、系統整合..49
　　二、資訊委外..58
　　三、雲端服務..69

第四章　臺灣資訊軟體暨服務市場個論..75
　　一、系統整合..75
　　二、資訊委外..85
　　三、雲端服務..91

第五章　焦點議題探討...93
　　一、人工智慧應用趨勢..93
　　二、資訊安全應用趨勢..96
　　三、顧客關係管理軟體應用趨勢..100

第六章　未來展望...105
　　一、資訊軟體暨服務應用趨勢..105

二、臺灣資訊軟體暨服務產業展望 117
附錄 129
  一、中英文專有名詞對照表 129
  二、近年資訊軟體暨服務產業重要政策與計畫觀測 132
  三、資服業大廠動態 200
  四、參考資料 217

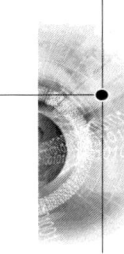

Table of Contents

Chapter I   Macroeconomic and Industrial Indicators 1
 1. Global Economy Indicators………………………………….......1
 2. Industial-Related Indicators…………………………………........7
Chapter II   ICT Software and Service Market Overview 13
 1. Global Market……………………………….................……….16
 2. Taiwan's Market……………………………………………........37
Chapter III   Development of Global IT Software and Service Market Segments 49
 1. System Integration………………………………….....................49
 2. Information Outsourcing…………………………......................58
 3. Cloud Service……………………………….............................69
Chapter IV   Development of Taiwan's IT Software and Service Market. 75
 1. System Integration…………………………………....................75
 2. Information Outsourcing……………………………….........85
 3. Cloud Service………………………………...............................91
Chapter V   Top Issues 93
 1. Applications and Trends of AI………………………………….93
 2. Applications and Trends of Information Security…………….....96
 3. Applications and Trends of Customer Relationship Management Software…..………………………………………………...…100
Chapter VI   Future Outlook for the ICT Software and Service Industry 105
 1. Global IT Software and Service Industy Outlook……………..105
 2. Taiwan's IT Software and Service Industy Outlook……….…..117

VII

Appendix 129
    1. List of Abbreviations……………………………………….............129
    2. Summary of Key Policies and Plans of the IT Software and Service Industry……………………………………….......................................132
    3. Dynamics of major companies in the information service indust……………... ………………...200
    4. Reference…………………………………………...........................217

圖 目 錄

圖 2-1　全球資訊軟體暨服務市場規模 17
圖 2-2　全球資訊服務市場規模 18
圖 2-3　全球系統整合市場規模 19
圖 2-4　全球委外服務市場規模 20
圖 2-5　全球軟體市場規模 21
圖 2-6　臺灣資訊軟體暨服務產業產值 37
圖 2-7　臺灣資訊軟體暨服務產業次產業分析 38
圖 2-8　臺灣系統整合業產值 39
圖 2-9　臺灣系統整合業分析 40
圖 2-10　資料處理資料處理產業產值 41
圖 2-11　臺灣資料處理與資訊供應服務業分析 42
圖 2-12　臺灣軟體產業產值 43
圖 2-13　臺灣軟體設計產業產值 44
圖 2-14　臺灣軟體經銷產業產值 45
圖 2-15　臺灣軟體業分析 46
圖 2-16　臺灣資訊服務暨軟體產業結構 47
圖 3-1　各地區系統整合業務市場規模及主要競爭者 55
圖 3-2　全球資訊管理委外與企業管理委外市場成長率變化 59
圖 3-3　TCS 雲端 ERP 環境即服務架構 65
圖 6-1　Slack 企業協同平台 109

圖 6-2　Leybold 設備 AR 遠端檢測 110

圖 6-3　Coca Cola 智慧販賣機功能即服務呼叫 112

圖 6-4　機器人流程自動化 113

圖 6-5　交通路口自動控制 114

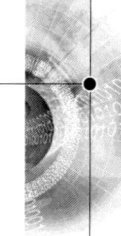

表目錄

表 1-1　全球與主要地區經濟成長率 2

表 1-2　全球主要國家經濟成長率 3

表 1-3　全球主要國家消費者物價變動率 4

表 1-4　臺灣重要經濟數據統計 5

表 1-5　臺灣對主要貿易地區出口概況 6

表 1-6　臺灣工業生產指數 7

表 1-7　2019-2020 年全球數位競爭力排名前 20 名國家與名次變化 9

表 1-8　2015-2019 年全球電子化政府程度評比前 10 名國家 10

表 1-9　2016-2020 年臺灣資訊軟體暨服務業廠商家數 11

表 1-10　2016-2020 年臺灣資訊軟體暨服務業對 GDP 貢獻度 11

表 1-11　2016-2020 年臺灣資訊軟體暨服務業就業人數 12

表 1-12　2016-2020 年臺灣資訊軟體暨服務業勞動生產力 12

表 2-1　資訊軟體暨服務產業主要分類與定義 14

表 2-2　資訊服務產業定義與範疇 14

表 2-3　資訊軟體產業定義與範疇 16

附表 1-1　Amazon 2020-2021 年大廠動態 200

附表 1-2　AWS 2020-2021 年大廠動態 201

附表 1-3　Apple 2020-2021 年大廠動態 203

附表 1-4　Facebook 2020-2021 年大廠動態 204

附表 1-5　Google 2020-2021 年大廠動態 205

附表 1-6　IBM 2020-2021 年大廠動態 207

附表 1-7　微軟（Microsoft）2020-2021 年大廠動態 209

附表 1-8　Oracle 2020-2021 年大廠動態 211

附表 1-9　HPE 2020-2021 年大廠動態 213

附表 1-10　Accenture（埃森哲） 2020-2021 年大廠動態 214

附表 1-11　SAP 2020-2021 年大廠動態 216

第一章 總體經濟暨產業關聯指標

一、全球經濟發展指標

（一）全球重要經濟數據

1. 經濟成長率（國內生產毛額變動率）

國內生產毛額（Gross Domestic Product, GDP）係指在單位時間內，國內生產之所有最終商品及勞務之市場價值總和。國內生產毛額之變動率不但呈現出該國當前經濟狀況，亦是衡量其發展水準的重要指標，因此一國之經濟成長率通常以國內生產毛額變動率表示。而將一經濟體或地區各國之國內生產毛額加總，並計算其變動率，即可得到該經濟體或地區之經濟成長率。

綜覽全球，經濟相較 2019 年衰退，2020 年以來經濟方面的壞消息不斷，新冠肺炎（COVID-19）迫使工廠遷出、店面關閉、運輸受限，人民的經濟能力也跟著下滑，經濟成長低於預期。根據國際貨幣基金（International Monetary Fund, IMF）於 2020 年 10 月所發布的資料／數據顯示，2020 年全球經濟成長率約-4.4%，2021 年預估 5.2%以及 2022 年的 4.2%。

觀察 2020 年各地區經濟表現，先進經濟體的經濟成長下降至-5.8%，相較於 2019 年降低 7.5%；在新興市場與經濟體中，經濟成長幅度最高者仍屬亞洲開發中國家，2020 年經濟成長率達-1.7%，但比起 2019 年的 5.9%，表現甚低；經濟成長幅度最低者則為歐元區，2020 年經濟成長率為-8.3%，相較於 2019 年下降 9.5%。

回顧 2020 年，IMF 對經濟表現保持悲觀，全球經濟成長率為-4.4%，低於 2019 年的 3.0%。從經濟體來看，先進經濟體的經濟表現緩步衰退，在 2020 年僅 1.7%的成長，相較於 2019 年表現低；而新興市場與經濟體部分亦出現緩步衰退，2020 年經濟成長率達-3.3%，遜於 2019 年的 3.9%。新興市場與經濟體的成長減緩主要來

自於新興歐洲以及亞洲開發區國家，尤其新興歐洲成長率大幅減少，經濟成長率從2019年的1.8%下降到2020年的-4.6%。

而中東及中亞、北非地區和拉美及加勒比海地區也陷入經濟成長率衰退。中東及中亞地區經濟成長率在2020年大幅衰退至-4.1%；北非地區的成長率從4%下降到-1.3%；拉丁美洲及加勒比海地區成長率從0.7%大幅下降至-5.4%。中東與中亞和北非地區由於地緣政治因素和油價的波動，使得經濟成長情形較不穩定，而拉丁美洲地區受到政策不確定性以及礦業事故的影響，拖累經濟成長。

表1-1　全球與主要地區經濟成長率

區域／年	2019	2020	2021(e)	2022(f)
全球	3.0%	-4.4%	5.2%	4.2%
先進經濟體	1.7%	-5.8%	3.9%	2.9%
歐元區	1.2%	-8.3%	5.2%	3.1%
新興市場與經濟體	3.9%	-3.3%	6%	5.1%
新興歐洲	1.8%	-4.6%	3.9%	3.4%
亞洲開發中國家	5.9%	-1.7%	8%	6.3%
拉美及加勒比海	0.2%	-8.1%	3.6%	2.7%

資料來源：IMF、資策會MIC經濟部ITIS研究團隊整理，2021年9月

在歐美國家方面，美國2020年經濟成長率在-4.3%，相較於2019年表現下降許多，而英國受脫歐影響減輕，卻飽受新冠疫情之苦，經濟成長率持續減緩，2020年經濟成長率跌至-9.8%。

亞洲國家方面，中國大陸與日本推出多項政策刺激經濟成長，但隨著貿易戰的開展，關稅壁壘和出口禁令影響國際貿易的運行連帶影響經濟成長率。近年表現相對亮眼的中國大陸經濟成長率持續下降，來到1.9%，而日本經濟成長率下降至-5.3%。

總結來說2020年經濟成長普遍降低許多。近年表現相對亮眼的中國大陸經濟成長率持續下降，而新加坡大幅下降至來到-6%。預估2021年美國經濟成長率將回溫至3.1%，歐元區將達5.2%，英國將

達 5.9%，日本將達 2.3%。新興國家部分，2021 年將達 6%，亞洲發展中國家將達 8%。

新冠肺炎的疫情嚴重威脅全球經濟發展，全球金融環境緊縮可能會造成經濟的動盪，同時引發地緣政治的緊張局勢對其他國家產生重大的負面擴散作用。隨著疫情受到控制，以及遠距辦公、線上共享軟體、外送服務等興起，將帶動另一波商機，2021 年的經濟成長也能回升。

表 1-2　全球主要國家經濟成長率

國別／年	2019	2020	2021(e)	2022(f)
美國	2.4%	-4.3%	3.1%	2.9%
日本	0.9%	-5.3%	2.3%	1.7%
德國	0.5%	-6%	4.2%	3.1%
法國	1.2%	-9.8%	6%	2.9%
英國	1.2%	-9.8%	5.9%	3.2%
韓國	2.0%	-1.9%	2.9%	3.1%
新加坡	0.5%	-2.2%	3.6%	4.5%
香港	0.3%	-7.5%	3.7%	3.4%
中國大陸	6.6%	1.9%	8.2%	5.8%

資料來源：IMF，資策會 MIC 經濟部 ITIS 研究團隊整理，2021 年 9 月

2. 消費者物價變動率

消費者物價指數（Consumer Price Index, CPI）乃是衡量通貨膨脹的主要指標，反映與居民生活有關的產品及勞務價格之物價變動情形。一般而言，當變動率高於 2.5%則表示國家面臨通膨壓力。大部分國家通常將消費者物價變動率控制在 1~2%，至多 5%內，以達到刺激經濟發展的效果。

綜觀全球主要國家2020年消費者物價變動率，絕大多數無通膨疑慮。整體而言，主要國家的通膨情況仍相當溫和。展望2021年，大部分國家仍會處於溫和的通膨情況。

表1-3 全球主要國家消費者物價變動率

國別／年	2019	2020	2021(e)	2022(f)
美國	1.8%	1.5%	2.8%	2.1%
日本	0.5%	-0.1%	0.3%	0.7%
德國	1.3%	0.5%	1.1%	1.3%
法國	1.3%	0.5%	0.6%	1%
英國	1.8%	0.8%	1.2%	1.7%
韓國	0.4%	0.5%	0.9%	1.1%
新加坡	0.6%	-0.4%	0.3%	1.1%
香港	2.9%	0.3%	2.4%	2.5%
中國大陸	2.9%	2.9%	2.7%	2.6%

資料來源：IMF，資策會MIC經濟部ITIS研究團隊整理，2021年9月

（二）臺灣重要經濟數據

2020年臺灣經濟成長微幅度成長0.47%來到3.11%。由於臺灣屬小型且高度開放的經濟體，對外貿易依存度高，容易受到國際景氣影響，且出口高度集中於電子資通訊產品，受到單一產業景氣影響亦較大。雖然受到中美貿易戰的影響，國際貿易萎靡，但與此同時臺灣挾著國內之半導體具有製程領先的優勢，加上智慧家庭、車用電子應用、5G等新興議題發酵，接受到國外廠商的大量轉單，臺灣廠商也因此受惠，使得臺灣經濟成長率微幅增加至3.11%。

在消費者物價指數（CPI）變動率方面，2020年消費者物價指數變動率為-0.23%，較2019年的0.56%下降0.79，根據主計總處分析，此主要因為商品和服務價格成長所致。油價的高低對臺灣CPI影響較大，2020年底CPI的上升主要年受到油價上升的影響。

在躉售物價指數（Wholesale Price Index, WPI）變動率方面，2020年躉售物價指數變動率-7.79%，據主計總處分析，是受到中美貿易戰與原油價格下跌的影響。2020全年工業生產指數為115.84，年增6.81%，創下歷年最佳成績。由於中美貿易戰的轉單效應帶動各項電子零組件的生產，搭配臺灣積體電路挾著製程領先的優勢產能滿載，工業生產表現亮眼。

表 1-4　臺灣重要經濟數據統計

項目／年	2016	2017	2018	2019	2020
經濟成長率	1.51%	3.08%	2.63%	2.64%	3.11%
國內生產毛額（GDP）（百萬美元）	543,002	590,780	608,186	611,451	711,079
出口總值（百萬美元）	280,321	317,249	335,908	329,330	345,210
消費者物價（CPI）變動率	1.39%	0.62%	1.35%	0.56%	-0.23%
躉售物價（WPI）變動率	-2.98%	0.90%	3.63%	-2.26%	-7.79%

資料來源：行政院主計處，資策會 MIC 經濟部 ITIS 研究團隊整理，2021 年 9 月

在對外出口貿易部分，2020年臺灣整體出口貿易總額較去年提升，創下近年最佳表現。究其原因為中美貿易戰造成國際貿易的萎靡，同時歐、美、日等先進國家經濟表現欠佳，新興市場成長動力減速，全球經濟疲軟，臺灣出口貿易成長動能受限。雖然有各國轉單的效應以及雲端、物聯網的新興應用帶動半導體需求，能夠帶動臺灣的出口，然而總結2020年出口仍呈衰退的情形。在各貿易地區當中，2020年對亞洲及歐洲出口衰退幅度減緩，對美洲則是大幅成長，亞洲地區主要來自中國大陸出口減少，而歐洲主要來自於主要經濟體經濟情況的疲軟；對美國出口增加主要原因為中美貿易戰下的轉單效應。

表 1-5　臺灣對主要貿易地區出口概況

單位：仟美元

國別／年	2016	2017	2018	2019	2020
亞洲地區	200,709,038	229,711,710	240,832,172	232,025,022	247,557,620
歐洲地區	26,220,511	29,155,390	31,277,632	29,775,996	28,166,204
北美洲	35,565,085	39,147,461	42,030,102	48,651,805	52,721,852
中美洲	2,866,578	3,087,603	3,340,014	3,609,725	3,345,020
南美洲	2,290,569	2,629,916	2,749,248	2,326,698	2,126,606
中東	5,942,396	6,399,605	5,955,462	5,270,802	4,720,354
非洲	1,920,842	1,878,283	2,106,411	2,117,012	1,704,216
大洋洲	3,843,971	4,043,090	4,234,865	4,009,841	3,951,512
總計	280,321,369	317,249,072	334,007,338	329,335,646	345,210,707

資料來源：財政部，資策會 MIC 經濟部 ITIS 研究團隊整理，2021 年 9 月

在工業生產指數方面，以 2016 年為基期，2020 年工業生產指數為 116.13，為歷年最高，工業生產動能呈現上升的情況。

在資訊通訊產業方面，主因受美中貿易摩擦影響，伺服器、網通設備零件廠商提高國內產能因應國際訂單的轉單，同時關鍵零組件如 MLCC 受到缺貨的影響表現相對較佳。

隨著美中貿易摩擦升級，全球經濟成長動能放緩，將影響消費性電子的需求，間接抑制臺灣製造業生產動能，而雲端運算、資料中心、人工智慧、物聯網、車用電子、金融科技等新興科技應用持續擴展，可望挹注我國製造業生產動能的提升。

展望 2021 年，根據主計總處預測，經濟成長率相較於 2020 年，預測數字大幅上修至 4.64%，創近 7 年新高。當前國際市場上存在許多潛在的風險與挑戰，包括美中走向保護主義、貿易戰的擴散效應、債務與地緣政治、各國貨幣政策等經濟議題等，都可能對臺灣的經貿活動產生衝擊。中國大陸供應鏈自主化戰略、以及兩岸政治關係則可能對臺灣造成國際出口之替代排擠效應、人才流失等足以動搖

國本之問題,為此臺灣需審慎以對,進行產業升級的同時運用策略智慧因應國際情勢變動,以掌握先機、再創榮景。

表 1-6　臺灣工業生產指數

項目／年	2016	2017	2018	2019	2020
工業生產指數	100.00	105.00	108.83	114.24	116.13
礦業及土石採取業	100.00	98.00	94.42	97.35	106.63
製造業	100.00	105.27	109.41	115.71	117.15
電力及燃煤供應業	100.00	102.22	102.62	97.41	105.01
用水供應業	100.00	101.30	101.39	102.46	103.07

資料來源:行政院主計處,資策會 MIC 經濟部 ITIS 研究團隊整理,2021 年 9 月

二、產業關聯重要指標

（一）國際重要資訊指標

1. IMD 全球數位競爭力排名

長期以來,瑞士洛桑國際管理學院（International Institute for Management Development, IMD）,每年發布的全球數位競爭力評比報告不僅受到國際重視,亦是重要參考指標。有鑑於資通訊科技發展與應用,常被視為提升國家競爭力的關鍵,洛桑國際管理學院著手建置一評估架構,以完整的分析構面與指標來衡量各國之「數位競爭力」（World Digital Competitiveness Ranking, DCR）。DCR 的分析架構大致分為三大面向,第一、知識指數（Knowledge）:評估項目包括人才、教育訓練與科技知識的滲透度;第二、科技指數（Technology）:評估項目包括管制框架、科技資本相關以及科技的可用性;第三、未來準備狀態（Future Readiness）:評估項目包括科技採用態度、商務靈活性與資訊科技整合性。目前 IMD 的全球數位競爭力排名可謂全球最具代表性的國家資通訊競爭力指標。根據 2021 年發布之 2020 年評比結果,美國的數位競爭力在全球 143 個國家中排名第 1,維持領先地位。其次如同 2019 年為新加坡,三、四

名則與去年對調為丹麥、瑞典。臺灣則排名第 11，較 2019 年上升 2 個名次，顯示臺灣近年致力推動提升國家資通訊競爭力頗具成效。其他名次上升較多者，包括香港與中國大陸，香港由 2019 年的第 8 名上升 3 名至 2020 年的第 5 名，中國大陸則由 2019 年的第 22 名上升 6 名至 2020 年的第 16 名。反觀排名下降較多者，則包括芬蘭和以色列下降 3 名。

表 1-7　2019-2020 年全球數位競爭力排名前 20 名國家與名次變化

國家／年	2019 名次	2020 年名次	2020 年分數	名次變化
美國	1	1	100.00	-
新加坡	2	2	98.05	-
丹麥	4	3	96.01	▲1
瑞典	3	4	95.15	▼1
香港	8	5	94.45	▲3
瑞士	5	6	93.69	▼1
荷蘭	6	7	92.57	▼1
韓國	10	8	92.25	▼2
挪威	9	9	92.17	-
芬蘭	7	10	91.13	▼3
臺灣	13	11	90.77	▲2
加拿大	11	12	90.48	▼1
英國	15	13	86.31	▲2
阿拉伯聯合大公國	12	14	85.97	▼2
澳洲	14	15	85.47	▼1
中國大陸	22	16	84.11	▲6
奧地利	20	17	83.13	▲3
德國	17	18	81.06	▼1
以色列	16	19	80.72	▼3
愛爾蘭	19	20	79.23	▼1

資料來源：IMD，資策會 MIC 經濟部 ITIS 研究團隊整理，2021 年 9 月

2. Waseda 電子化政府評比

電子化政府（e-Government）的發展程度可反映出一國公共行政服務的便利性，並透露出國家資訊素養的高低。為了評估各國政府電子化程度，日本早稻田大學（Waseda University）近十年與亞太經濟合作會議（Asia-Pacific Economic Cooperation, APEC）合作發展相關評比指標，對各國電子化政府的推動情形作出完整評比，並為各國政府電子化程度評分。

根據2019年發布的評比結果，美國超越丹麥等國成為第1，評分達96.29；丹麥的電子化政府第2，評分達94.61；新加坡位居第3，評分達93.50；英國與愛沙尼亞分別占據第4名與第5名，評分分別為92.13及91.54；臺灣則掉至第11名，評分為82.07。雖然沒有保持全球前10名之列，但顯見近年臺灣發展國家資訊素養與電子化政府的努力。

表1-8　2015-2019年全球電子化政府程度評比前10名國家

名次	2015	2016	2017	2018	2019	評分
1	新加坡	新加坡	新加坡	丹麥	美國	96.29
2	美國	美國	丹麥	新加坡	丹麥	94.61
3	丹麥	丹麥	美國	英國	新加坡	93.50
4	英國	韓國	日本	愛沙尼亞	英國	92.13
5	韓國	日本	愛沙尼亞	美國	愛沙尼亞	91.54
6	日本	愛沙尼亞	加拿大	韓國	澳洲	88.38
7	澳洲	加拿大	紐西蘭	日本	日本	88.24
8	愛沙尼亞	澳洲	韓國	瑞典	加拿大	88.21
9	加拿大	紐西蘭	英國	臺灣	韓國	86.93
10	挪威	英國、臺灣	臺灣	澳洲	瑞典	82.43

資料來源：Waseda University、International Academy of CIO，資策會MIC經濟部ITIS研究團隊整理，2021年9月

（二）臺灣重要資訊指標

1. 廠商家數

根據財政部統計處之營利事業家數資料／數據顯示，2019年符合資策會MIC資訊軟體暨服務廠商家數約13,518家。來到2020年，在數位轉型需求升溫、新興科技應用逐漸成熟的情況下，人工智慧（Artificial Intelligence, AI）、金融科技（Financial Technology, FinTech）及物聯網（Internet of Things, IoT）等應用場景和產品加速落地，持續推升臺灣整體資訊軟體暨服務廠商家數成長，2020年臺灣整體資訊軟體暨服務廠商家數達到14,621家。

表1-9　2016-2020年臺灣資訊軟體暨服務業廠商家數

	2016	2017	2018	2019	2020
廠商家數（仟家）	11.2	11.95	12.68	13.52	14.62

資料來源：資策會MIC 經濟部ITIS研究團隊整理，2021年9月

2. 對GDP的貢獻度

近年臺灣資訊及通訊服務業業者整體營收表現呈現小幅下降，綜觀2016年至2020年臺灣資訊軟體暨服務產業對我國GDP貢獻度，從2.91%稍微下降至2.68%，但在企業數位轉型需求、資訊安全、新科技應用場景的系統需求驅動下，2020年資訊軟體暨服務產業對臺灣GDP貢獻度可望進一步提升。

表1-10　2016-2020年臺灣資訊軟體暨服務業對GDP貢獻度

	2016	2017	2018	2019	2020(p)
對GDP貢獻度（%）	2.91%	2.84%	2.68%	2.74%	2.68%

資料來源：資策會MIC 經濟部ITIS研究團隊整理，2021年9月

3. 就業人數

　　2020 年臺灣資訊軟體暨服務產業部分業者營收持續成長，由於人工智慧、金融科技與雲端服務市場動能持續延燒，加之數位轉型需求持續發酵，有助於提高資訊軟體暨服務廠商招募新員工的意願。此外，隨著行動應用軟體與手機遊戲、手機影音等風潮興起，吸引不少新創公司、團體加入軟體開發行列，政府擴大培育軟體人才亦促成 2020 年資訊服務暨軟體產業就業人數上升，2020 年臺灣資訊軟體暨服務產業就業人數達 26.6 萬人。

表 1-11　2016-2020 年臺灣資訊軟體暨服務業就業人數

	2016	2017	2018	2019	2020
就業人數（仟人）	249	249	258	262	266

資料來源：資策會 MIC 經濟部 ITIS 研究團隊整理，2021 年 9 月

4. 勞動生產力

　　此處勞動生產力指的是臺灣資訊軟體暨服務產業生產總額除以就業人數所得到的數據，而生產總額則是以臺灣資訊軟體暨服務產業的總營收（產值）為計算基準。據估計，近年的勞動生產力逐步走升，至 2020 年約達新臺幣 263 萬元，預估 2021 年將進一步攀升。

表 1-12　2016-2020 年臺灣資訊軟體暨服務業勞動生產力

	2016	2017	2018	2019	2020
勞動生產力（仟元）	2,229	2,305	2,267	2,336	2,633

資料來源：資策會 MIC 經濟部 ITIS 研究團隊整理，2021 年 9 月

第二章 資訊軟體暨服務市場總覽

　　資訊軟體暨服務市場，依據其產品功能與服務提供的模式，可分為資訊服務與資訊軟體二大區隔。資訊服務係指於資訊科技領域中，為用戶提供專業之基礎架構服務、開發部署服務、商業流程服務、顧問諮詢服務、軟體支援服務與硬體維運服務等全方面服務，主要以服務提供之價值獲取營收。而資訊軟體則是提供用戶所需之軟體產品，包括企業用戶所使用之應用軟體、資訊安全、資料庫、開發工具等軟體，消費大眾所使用的生產力、遊戲、行動應用、影音工具、系統軟體、應用軟體與工具軟體等。

　　資訊服務市場定義與範疇，以服務模式分類，可分為系統整合、與資料處理。系統整合之核心範疇主要專注於企業用戶之資訊系統的基礎架構、開發部署、商業流程等開發與建置服的服務。其中又包含顧問諮詢服務，主要針對企業做財務管理、風險管理與企業策略管理等經營面的商業顧問諮詢，以及與資訊科技或資訊系統直接相關的系統顧問諮詢。資料處理是指資訊服務廠商以契約簽訂形式，協助企業進行資料備份、回覆、資料重複備份及網站代管等業務，包含入口網站經營、資料處理、主機及網站代管、雲端服務等。

表 2-1 資訊軟體暨服務產業主要分類與定義

市場	區隔	次區隔
資訊軟體	軟體設計	涵蓋企業與大眾應用之相關應用軟體設計、修改、測試等服務，應用於金融、醫療、流通業等行業，例如商業智慧、企業資源規劃（ERP）、顧客關係管理（CRM）、資訊安全等
	軟體經銷	從事作業系統軟體、應用軟體、套裝軟體與遊戲軟體之銷售與相關軟體的教育訓練，並協助客戶與消費者能夠使用其代理銷售的軟體
資訊服務	系統整合	根據使用者需求，提供具專案特性之客製化資訊服務，其範疇包括從前端規劃、設計、執行、專案管理到後續顧問諮詢服務及資訊系統整合服務等。此類服務通常為專案形式進行，具高客製化特性，包含不同平台與技術整合，並透過合約定義專案範疇與規格
	委外與雲端服務	資訊服務廠商以契約簽訂形式，協助企業進行資料備份、回覆、資料重複備份及網站代管等業務，包含入口網站經營、資料處理、主機及網站代管、雲端服務等

資料來源：資策會 MIC 經濟部 ITIS 研究團隊整理，2021 年 9 月

表 2-2 資訊服務產業定義與範疇

資訊服務	次區隔	定義與範疇
系統整合	系統設計	提供用戶對於資訊系統之需求分析與功能設計服務
	系統建置	依據資訊系統規格，提供系統之實作、測試、修改或汰換等服務
	顧問諮詢	提供用戶對於資訊系統之導入評估與諮詢服務
	其他服務	從事上述以外之電腦系統設計服務，如電腦災害復原處理、軟體安裝等
資料處理	網站經營	利用搜尋引擎，以便網際網路資訊搜尋之網站經營，例如定期提供更新內容之媒體網站、網路搜尋服務等
	資料處理及主機代管	從事以電腦及其附屬設備，代客處理資料之行業，例如雲端服務、資料登錄、網站代管及應用系統服務

資料來源：資策會 MIC 經濟部 ITIS 研究團隊整理，2021 年 9 月

第二章　資訊軟體暨服務市場總覽

　　資訊軟體市場可分為軟體設計與軟體經銷。軟體設計涵蓋企業與大眾應用之相關應用軟體設計、修改、測試等服務，應用於金融、醫療、流通業等行業，例如商業智慧、企業資源規劃（ERP）、顧客關係管理（CRM）、資訊安全等。軟體經銷係指從事作業系統軟體、應用軟體、套裝軟體與遊戲軟體之銷售與相關軟體的教育訓練，並協助客戶與消費者能夠使用其代理銷售的軟體。

　　軟體係指安裝與運行於資通訊裝置之中，用以操控硬體功能，處理企業、大眾或系統所需資訊之程式。軟體產品市場之定義與範疇當中的區隔分別為企業解決方案、大眾套裝軟體，以及嵌入式軟體。其中企業解決方案之核心範疇主要專注於企業用戶之資訊系統的基礎架構、開發部署、商業流程等開發與建置所需的軟體。商用軟體主要安裝於伺服器主機，提供各行業企業管理所需要的應用方案，例如行業別軟體、企業資源規劃、客戶關係管理、產品研發、財會、進銷存、生產、薪資、整合溝通、網路管理、文件管理等。

　　資訊安全軟體提供資訊或系統讀取、儲存、傳遞等安全防護，以及藉由資訊安全產品為基礎所提供之加值應用服務，例如防毒、入侵偵測、加解密、網路通訊、文件安全管理等軟體。資料庫系統為提供數據或文件之儲存、搜尋與管理之軟體；開發工具為提供程式設計、撰寫、測試、編譯、部署與管理之工具軟體。套裝軟體之使用者主要為消費者，生產力軟體為安裝於個人終端，提升工作效率之軟體，例如文書、簡報、試算表、理財、統計、翻譯、輸入法等；遊戲軟體安裝於終端裝置，例如電腦遊戲、電視遊戲、掌上遊樂等；行動應用 APP 為安裝於手機與平板的應用軟體，透過網路下載與付費使用。

表 2-3 資訊軟體產業定義與範疇

資訊軟體	次區隔	定義與範疇
軟體設計	程式設計	從事電腦軟體之設計、修改、測試及維護
	網頁設計	提供網頁設計之服務
軟體經銷	遊戲軟體	線上遊戲網站經營
	軟體經銷	包括非遊戲軟體經銷,如作業系統軟體、應用軟體、套裝軟體等經銷

資料來源:資策會 MIC 經濟部 ITIS 研究團隊整理,2021 年 9 月

一、全球市場總覽

依據前述的資訊軟體暨服務市場定義與範疇,以下將分析全球市場規模與發展趨勢,並剖析全球資訊服務暨軟體大廠之發展動態。

(一)市場趨勢

綜觀全球資訊軟體暨服務市場,預估市場規模將由 2020 年的 1.7 兆美元成長至 2024 年的 2.2 兆美元,年複合成長率 6.5%。

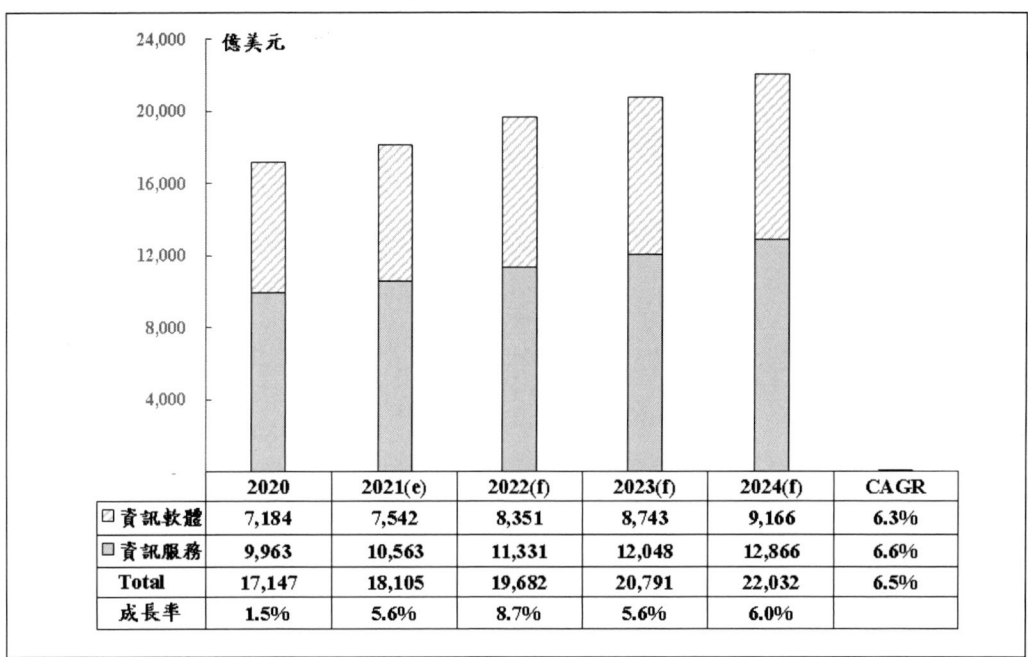

資料來源：資策會MIC 經濟部ITIS 研究團隊整理，2021 年 9 月

圖 2-1 全球資訊軟體暨服務市場規模

1. 資訊服務市場規模

　　全球資訊服務市場規模方面，雖然近年全球政經局勢動盪，但由於主要市場之政府與企業仍需持續發展業務，加之近年數位轉型發酵，推升資訊科技基礎建設以及資訊服務需求，使全球資訊服務市場規模穩定成長。

　　此外，新興資通訊應用發展亦有助於推動全球資訊服務市場規模持續成長，其中雲端運算與巨量資料應用仍扮演主要角色，而物聯網應用則可望接棒成為下一波資訊服務市場主要成長動能。根據MIC 預估，全球資訊服務市場規模將由 2020 年的 9,963 億美元成長至 2024 年的 12,866 億美元，年複合成長率為 6.6%。

▶ 2021 資訊軟體暨服務產業年鑑

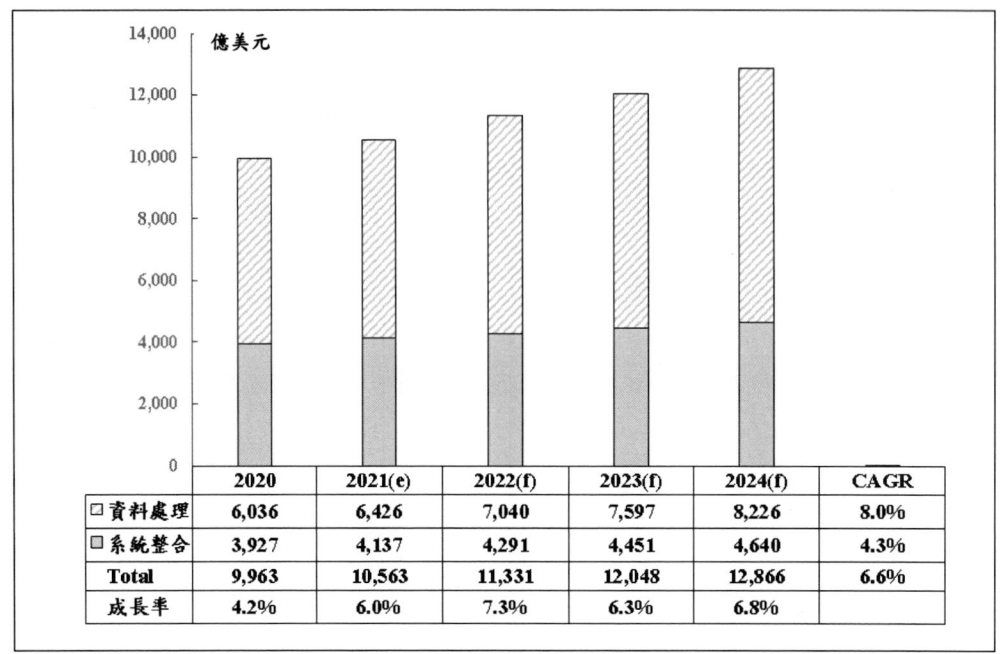

資料來源：資策會MIC 經濟部 ITIS 研究團隊整理，2021 年 9 月

圖 2-2 全球資訊服務市場規模

(1) 系統整合市場規模

系統整合市場方面，在各種新興應用與服務驅動下，企業數位轉型預估將影響未來數年系統整合市場發展，整體系統整合市場走向亦逐漸由提供單一軟硬體科技的建置服務，轉為協助企業達成數位轉型的整體科技規劃服務。

根據 MIC 估計，全球系統整合市場將由 2020 年的 3,927 億美元成長至 2024 年的 4,640 億美元，年複合成長率為 4.3%，呈現平穩成長趨勢。其中各分項之複合成長率，以顧問諮詢最高，其次為系統設計，再來是系統建置。

第二章 資訊軟體暨服務市場總覽

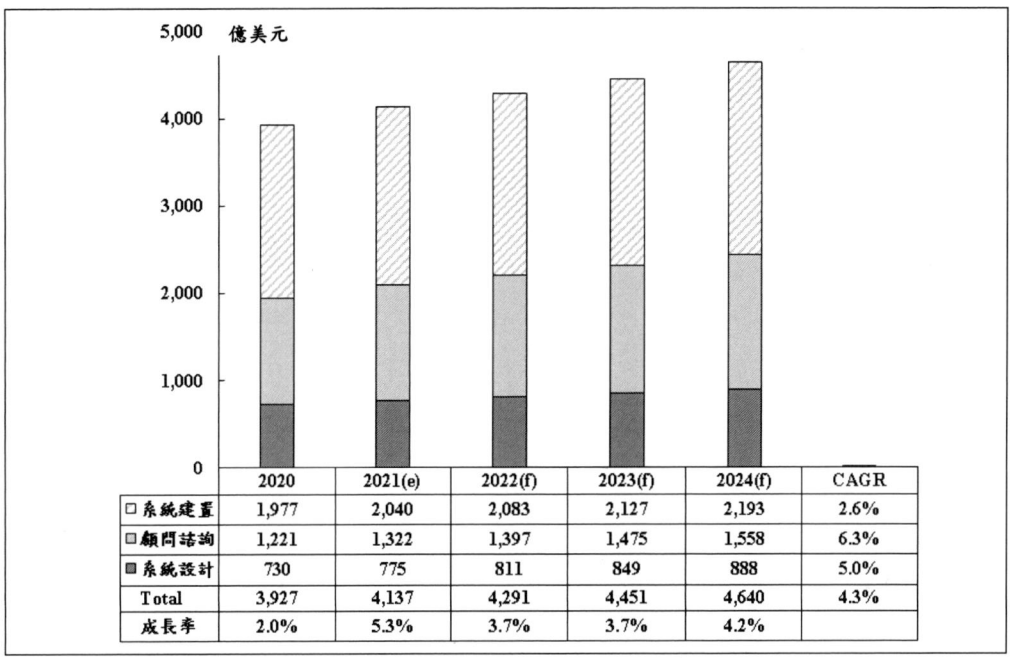

資料來源：資策會 MIC 經濟部 ITIS 研究團隊整理，2021 年 9 月

圖 2-3 全球系統整合市場規模

(2) 資料處理市場規模

資料處理市場包含委外與雲端，隨著雲端服務持續擴張發展之下，企業對雲端服務的接受度日漸增長，將取代基礎建設及應用軟體委外服務，全球資料處理市場規模將由 2020 年的 6,036 億美元成長至 2024 年的 8,226 億美元，年複合成長率為 8%。

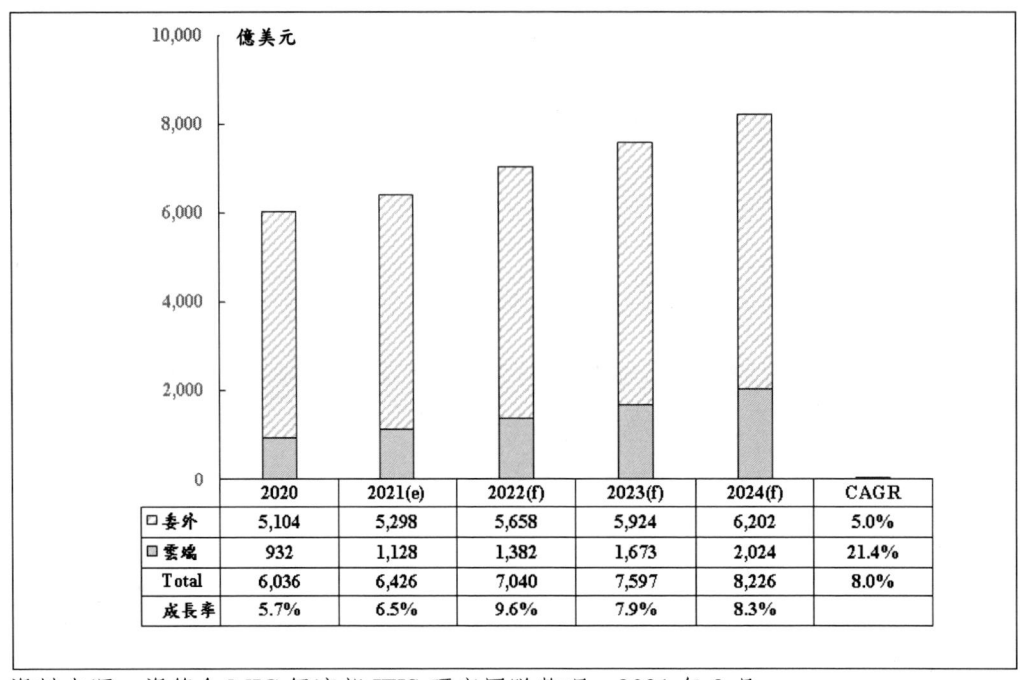

資料來源：資策會 MIC 經濟部 ITIS 研究團隊整理，2021 年 9 月

圖 2-4 全球委外服務市場規模

2. 軟體市場規模

全球軟體市場規模方面，傳統企業解決方案隨著雲端服務發展，需求成長恐逐漸趨緩。大眾套裝軟體則仰賴行動應用軟體的快速推陳出新，持續維持高幅度成長。受惠於物聯網的應用發展，各種感測裝置與智慧聯網的中介軟體需求升溫，規模成長可望持續擴大。根據 MIC 預估，全球軟體市場規模將由 2020 年的 7,184 億美元成長至 2024 年的 9,166 億美元，年複合成長率為 6.3%。

第二章　資訊軟體暨服務市場總覽

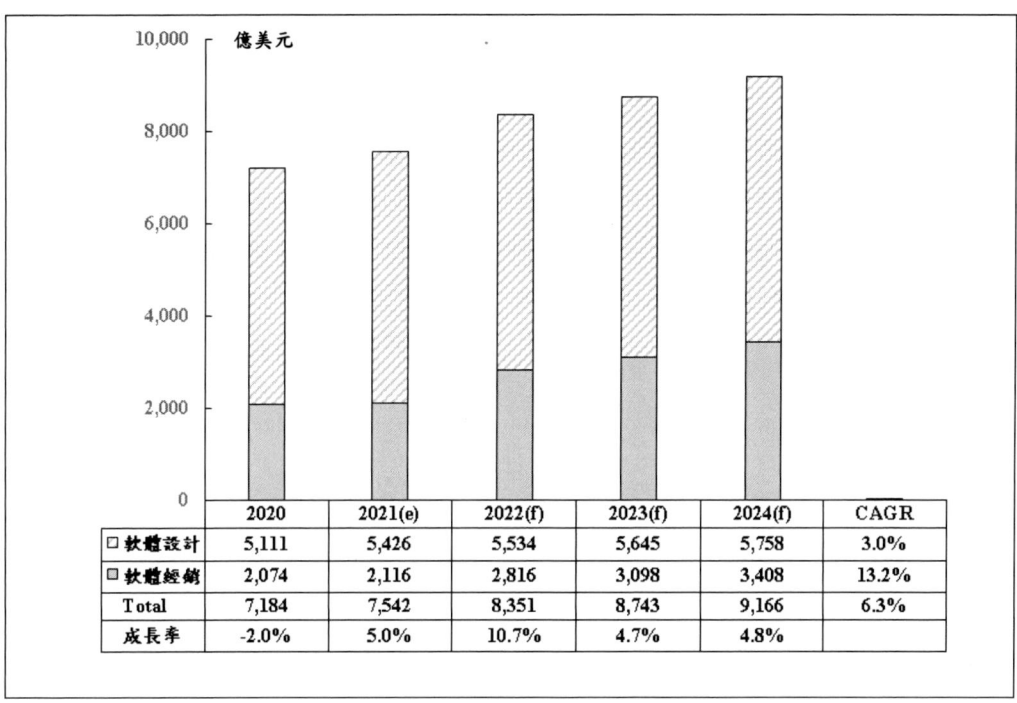

資料來源：資策會 MIC 經濟部 ITIS 研究團隊整理，2021 年 9 月

圖 2-5　全球軟體市場規模

（二）大廠動態

1. HPE

惠普企業（Hewlett-Packard Enterprise Company, HPE）創立於 2015 年，總部位於美國加州聖塔克拉拉郡的帕羅奧圖市（Palo Alto），2020 年營收約 270 億美元。

惠普企業由惠普（Hewlett-Packard Development Company, HP）分拆而來，HP 是全球電腦、印表機、資料儲存、數位影像以及資訊服務的領導廠商，主要優勢在於其產品與服務橫跨企業與消費者，其中企業資料儲存、數位影像與列印雖然不是其營收最大的事業單位，但因具備高度競爭力，仍在全球占有舉足輕重的地位。

2015 年 11 月，HP 將公司一分為二，分拆為 HPI（HP Inc.）與 HPE，並由 HPI 負責硬體的開發與銷售，包括個人電腦與印表機，HPE 則專注在雲端與伺服器相關的企業軟硬體解決方案，包括伺服器、儲存設備、網通設備及相關的資訊顧問服務。

觀察 HPE 近年動態，積極透過部門分拆與併購重組產品部門、改善資源運用效率與競爭力。2019 年 5 月 HPE 宣布併購超級電腦先驅 Cray，同年 8 月宣布併購雲端大數據平台服務供應商 MapR。

2020 年 2 月 HPE 宣布併購雲端安全新創 Scytale，增加雲端大數據和雲端安全的實力，7 月宣布併購軟體定義廣域網路業者 Silver Peak，並在 9 月以 9.25 億美元完成收購，強化智慧邊緣、雲端網路布局。10 月 HPE 宣布獲得超過 1.6 億美元的資金，將在芬蘭建設一台名為 LUMI 的超級電腦。此外，HPE 於 12 月宣布將總部從矽谷遷往德州休士頓。

2021 年 2 月，HPE 與 NASA 合作在國際太空站部署邊緣運算系統「Spaceborne Computer-2」，另外，收購 CloudPhysics 使 IT 更加智慧化。3 月推出 HPE Open RAN Solution Stack，以實現商用 Open RAN 在全球 5G 網路中的大規模部署，更重要的是 HPE 為中端市場企業增加了模組化 GreenLake 服務。7 月 HPE 通過收購雲數據管理和保護領域的領導者 Zerto 擴展 HPE GreenLake 邊緣到雲平台，另收購 Ampool 以加速客戶的混合分析。

COVID-19 疫情加速數位轉型，根據 HPE 對 2021 年的趨勢預測，許多企業都將上雲視為數位轉型的發展關鍵。而 HPE 臺灣董事長王嘉昇表示，HPE 推出 GreenLake 服務，希望能滿足企業在數位優化或數位轉型上的需求。

GreenLake Cloud Service 是將雲端的靈活性與擴充性落實在地端或混合環境中，可協助企業落實私有雲管理，具備依用量付費、混合環境管理和部署平台、最簡化可行產品概念、符合企業資安與合規、連結企業營運績效等特色。HPE GreenLake 雲服務業務正在快速增長，合同總價值超過 48 億美元，超過 900 個合作夥伴。2021 年 4 月，擎昊攜手 HPE 推行 GreenLake 商業模式，協助企業規劃 IT 新

架構；6月Nutanix在ProLiant和HPE GreenLake上推出Nutanix Era，Qumulo與HPE GreenLake雲服務合作，為客戶提供Qumulo文件數據平台。而下一步，HPE希望能將GreenLake延伸至混合雲，未來計畫將推出混合雲管理及優化服務。

4月，HPE Nimble儲存陣列與Veeam Backup & Replication軟體的深度整合，形成強大的「AI全方位智能儲存資料保護解決方案」；5月，HPE發表新世代中階儲存陣列Alletra 6000；6月則發表最新SAN儲存陣列：HPE Primera 600，以及伺服器產品線的更新：HPE ProLiant DL360與DL380 Gen10 Plus均搭載Intel第三代Xeon可擴充處理器。另外，HPE也開始布局Open RAN市場，在新推出的HPE Open RAN Solution Stack解決方案中，就包含了ProLiant DL110 Gen10 Plus這款主要針對Open RAN工作負載最佳化的伺服器。而在刀鋒伺服器方面，則推出了Synergy 480 Gen10 Plus。

HPE逐漸轉型為服務公司，並於2022年前透過訂閱服務、以量計價及其他形式提供產品組合，並持續以資本支出與授權模式提供軟硬體產品，讓客戶自由選擇以傳統方式或服務形式使用HPE產品與服務。

針對COVID-19的疫情，HP在2020年3月宣布將其3D印表機產品客戶，利用3D列印技術生產口罩、面罩、開門裝置，甚至包含陽春版的呼吸裝置，以因應日益緊張的醫療物資與器材需求。而臺灣口罩國家隊的重要成員亞崴機電，與HPE攜手合作，藉由HPE Nimble Storage dHCI智慧儲存融合式解決方案，同時滿足效能與空間的彈性擴充需求。

2. Microsoft

微軟（Microsoft）創立於1975年，總部位於美國華盛頓州雷德蒙德市（Redmond）。為全球軟體領導廠商，業務涵蓋研發、製造、授權以及提供廣泛的電腦軟體服務，並以個人電腦作業系統Microsoft Windows、生產力應用程式Microsoft Office以及XBOX遊戲業務聞名。根據美國財富雜誌於2020年全球最大500家公司評選

中，微軟公司憑藉雲業務的出色表現，利潤同比暴增近137%，進入利潤榜10強，位居第五。

2020年與商業軟體及服務相關營收約1,327億美元，年營收成長率約14%，主要來自於雲端服務與伺服器產品服務的成長。近年來隨著雲端運算興起，Microsoft的營運模式亦逐漸轉變為以雲端服務模式為主。不僅改變Microsoft的通路布局策略，由過去實體套裝軟體的銷售模式，改為網路平台提供Microsoft自家雲端服務給終端使用者，交易模式亦從實體交易轉變為虛擬訂購，而過去負責銷售的代理經銷商，也將轉型為雲端通路開發商，負責協助企業導入雲端的顧問諮詢服務。

Microsoft透過其主要的雲端服務Windows Azure建立起完整的生態系，企業若要使用Azure，必須使用Microsoft的雲端資料中心才能執行自行開發的應用程式。對於企業而言優點是只需要專心在開發程式，而Microsoft會負責架構中軟硬體的管理維護工作，屬於雲端服務分類中的平台即服務（PaaS）類型。在作業系統之上，Microsoft則打造Azure服務平台，提供模組化的服務，包括SQL Services、Share Point Services、Dynamics CRM Services。Microsoft將這些既有的服務整合到Azure平台，提供完整的雲端運算平台服務。在SaaS方面，Microsoft把服務整合在雲端辦公室解決方案Windows Office 365，可在直接在雲端中使用Office，方便使用者在各種裝置上存取電子郵件、行事曆、聯絡人管理，或透過雲端通訊服務舉行線上會議、建立協同合作網站。

觀察Microsoft近年重要發展動態，2018年併購原始碼代管平台GitHub，同年宣布跟Adobe、SAP合作推出「Open Data Initiative」計畫，主要是讓企業能把客戶資料透過微軟的雲端服務Azure的數據模型，讓資料可在不同平台中流通。

2019年除了與CRM龍頭Salesforce合作外，也持續完善Azure的功能並獲得AT&T和美國國防部政府雲的合約。2019年9月微軟宣布收購雲遷移技術提供商Movere，協助用戶無縫進行雲端遷移，2020年宣布推出自己的雲端遊戲平台Project xCloud。

第二章　資訊軟體暨服務市場總覽

隨著雲端服務朝向越來越專業化發展，微軟也開始投入顧問服務的發展，與具有特定產業領域專業知識的系統整合商或服務供應商合作，提供更貼近產業需求的解決方案，具體作法是成立新的顧問服務部門（Customer Experience and Success, CE&S），此部門將整合原有的企業支援、客戶服務與支援部門。此外，微軟也將成立顧問服務，新的顧問服務包含 Azure Cloud、AI、商業應用（如 Dynamic 365）、辦公應用（如 Microsoft 365）等，新的部門預計在 2020 年 7 月開始營運。

2020 年，微軟收購 5G 雲端新創 Affirmed Networks、機器人流程自動化（RPA）新創公司 Softomotive、電信軟體公司 Metaswitch、資安公司 CyberX、數據模型公司 ADRM software、電腦視覺新創 Orions Systems 以及軟體開發公司 Movial，聚焦在雲端及軟體開發領域，並與 SpaceX 合作推出太空雲端服務。2020 年底時，微軟宣布於瑞典成立第一個由 100%可再生能源提供動力的資料中心園區，並將在 2021 年底前於 10 個新城市建置 Azure 資料中心。

2021 年初，微軟一口氣推出金融、製造、非營利組織三朵產業雲：金融雲 Microsoft Cloud for Financial Services、製造雲 Microsoft Cloud for Manufacturing 及非營利事業雲 Microsoft Cloud for Nonprofit，持續推動雲端產業發展。2 月公布最新財報指出營收創史上單季新高，「商業雲業務」（Commercial Cloud）營收激增 34%至 167 億美元，占當季總營收 431 億美元 39%。隨著雲端運算發展，預計 2030 年微軟商業雲營收金額可望飆破 3,000 億美元大關。

2021 年 1 月，微軟投資通用汽車及自動駕駛子公司 Cruise，成為長期戰略合作夥伴，2 月與 Bosch 合作開發汽車軟體平台，4 月宣布以 197 億美元價格買下語音辨識 AI 公司 Nuance。6 月時，蘋果、微軟、Google 和 Mozilla 宣布將成立 WebExtensions Community Group（WECG），制定瀏覽器外掛程式的共同架構，讓外掛程式能同時在 Safari、Chrome、Edge 以及 Firefox 上都能使用。

微軟在 3 月正式終止對 Microsoft Edge Legacy 的支援，並釋出 Microsoft Edge 89，4 月終止獨立 Cortana 服務，整合到旗下各個產

品，5月宣布年底前將在10個新城市建置Azure資料中心。6月則重新推出Cortana語音助理，使用者可在Outlook用語音寫信、排程與搜尋，且更新Office應用程序，幫助擁有遠程和現場員工組合的公司，此外還有Visual Studio 2022預覽版開放下載，Microsoft 365功能增加，包括免費Visio應用、Outlook語音調度和OneDrive for macOS Perks，和於6月24日推出新版的Window（Window11）。7月時，微軟發表Windows 365，開創Cloud PC為全新雲端運算類別。

為了對抗COVID-19疫情，微軟在2020年3月推出了Bing COVID-19 Tracker新冠病毒追蹤器的全球疫情追蹤入口網站，該網站透過整合美國疾病管制與預防中心、歐盟疾病管制局、維基百科和世界衛生組織（World Health Organization, WHO）等資訊來源，協助民眾掌握最真實的疫情資訊。2021年6月，微軟升級Microsoft Teams會議室，包括在會議室新增專業虛擬活動、容納萬人的大型聚會及PowerPoint Live簡報演示等新功能，並推出Fluid，是針對Teams、OneNote及Outlook等程式中擴充的更多功能組合，讓Teams及Office應用程式間的同步與非同步協作變得更直覺、更流暢，更好的實現靈活辦公。

3. IBM

國際商業機器股份有限公司（International Business Machines Corporation, IBM）創立於1911年，總部位於美國紐約州的阿蒙克市（Armonk），擁有將近40萬名員工，市值超過1,000億美元。IBM挾其在軟硬體的強大研發與併購能量，加上全球綿密的行銷網路，成為全球數一數二的資訊軟體與服務領導業者，2020年IBM全球資訊軟體暨服務相關營收約達736億美元。

IBM生產並銷售電腦硬體與軟體，同時結合系統整合以及顧問諮詢服務發展完整的解決方案。除了自行研發與製造，IBM亦挾其營收規模，持續對具有特定優勢的廠商或事業單位進行併購，以擴大其營運領域或提高其競爭力。觀察IBM近期重要併購方向，主要是以雲端為基礎的商業智慧以及資訊安全等領域，可以看出IBM轉型為雲端服務公司的策略目標。

第二章　資訊軟體暨服務市場總覽

為搶攻雲端運算大餅，IBM 於 2019 年以 340 億美元併購開源軟體公司紅帽（Red Hat），進一步鞏固在雲端市場的地位，希望透過紅帽的加持，能獲得與亞馬遜、微軟這些雲端領先者競爭的能力。

2020 年，IBM 與 Adobe、紅帽宣布成為戰略夥伴，幫助企業提供更個人化的體驗已加速數位轉型。為了加速混合雲及 AI 業務，IBM 將管理伺服器、儲存、網路等的服務部門由全球科技服務（GTS）獨立出來，成為全球最大的基礎架構管理服務供應商，業務規模高達 190 億美元。此外，IBM 也收購了芬蘭雲端諮詢服務提供商 Nordcloud，望在雲端運算獲得更多優勢。

2021 年 2 月 Vodafone 和 IBM 將在葡萄牙啟動 Vodafone 虛擬私有雲，3 月則與工業解決方案供應商 Lumen 合作，推出混合雲平台 Cloud Satellite，另與印度珠寶零售商 Joyalukkas 合作開發雲電子商務平台，且為強化工業物聯網（IIoT）安全性，西門子（SIEMENS）、IBM 及紅帽宣布將共同推出全新合作計畫，透過混合雲技術為製造業者和工廠營運者提供開放、靈活且更安全的解決方案。4 月與專利 IP 商 IPwe 合作，把專利鑄成 NFT 並儲存於 IBM Cloud 區塊鏈，另外，IBM 推出可在 x86 Linux 環境運作的 COBOL 版本，使 COBOL 應用程式也能雲端化。6 月時，IBM 翻新 Cloud Paks，分為 6 大產品項目，涵蓋業務自動化工作流程平台、整合套件組、業務自動化工作流程平台、AIOps 解決方案、網路作業自動化產品組合，以及資安解決方案。除此之外，IBM 宣布於德國斯圖加特建置歐洲的首台量子電腦「IBM Q System One」，另推出全球首個 2 奈米晶片製造技術。7 月，Atos 和 IBM 合作為荷蘭國防部構建安全的基礎設施，Heifer International、IBM 與宏都拉斯的咖啡和可可種植者合作，以增加對數據和全球市場的訪問，而內部則將 IBM Safeguarded Copy 與 FlashSystem 系列集成，為組織強化數據保護和從網路攻擊中快速恢復的能力。

而臺灣方面，台智數位科技與 IBM 攜手，透過 IBM Cloud Virtual Servers 為半導體、製造與 3C 零組件等臺灣重點產業提供系統化的供應鏈管理服務工具，提升企業決策精準度。並且 IBM 決定加入台

積電也參與的日本「先進半導體製造技術聯盟」，和日本攜手研發先進半導體製造技術。

2021 年 4 月，IBM 計劃以 15 億至 20 億美收購軟體供應商 Turbonomic，以完善該公司的 AIOps 產品，這也是 IBM 布局混合雲的又一大舉措。另宣布收購義大利流程採礦軟體新創業者 myInvenio，未來將整合到 IBM 雲端流程服務中。5 月 IBM 宣布將收購雲計算諮詢公司 Taos Mountain，表明對混合雲和 AI 的側重。7 月，IBM 收購 Bluetab 以擴展歐洲和拉丁美洲的數據和混合雲諮詢服，另將收購 Premier 混合雲諮詢公司。

為了協助對抗 COVID-19 疫情，IBM 推出了區塊鏈醫療解決方案 Rapid Supplier Connect，協助政府及醫療機構能夠辨識醫療供應鏈中的新供應商，解決醫療設備短缺問題，此外，IBM 以創始成員的身分加入 Open COVID Pledge 聯盟，並開放數千項 AI 專利，包括 Watson 技術，及目前在美國受保護的生物病毒綜合領域專利，此授權計畫自 2019 年 12 月 1 日起生效，在世界衛生組織（WHO）宣布疫情大流行結束後，仍可持續授權一年。

4. Oracle

甲骨文股份有限公司（Oracle）創立於 1977 年，總部位於美國加州紅木城的紅木岸（Redwood Shores），為全球最大的資料庫公司，並以全球第一個商業化的關聯式資料庫系統聞名。除了關聯式資料庫系統，Oracle 也提供企業資源規劃（Enterprise Resource Planning, ERP）等商用軟體，2020 年 Oracle 與資訊服務及軟體相關營收約 391 億美元。

Oracle 的產品架構大致延伸自 2000 年所確立的商用套裝軟體、中介軟體、資料庫產品的主軸，並結合 2010 年併購的 Sun Microsystems 的 OS/Hardware 的產品，成為軟體與硬體兼備的產品架構。其中，中介軟體 WebLogic Server 為主軸，結合 Sun Micro Java 相關的 Virtual Machine 技術開發資料庫與元件。資料庫則以原本

Oracle 的資料庫系統為基礎，並進一步與 Sun Micro 的 SPARC 作業系統及硬體結合。

面對巨量資料分析風潮，Oracle 推出 Oracle Advanced Analytics 平台，提供全面性即時分析應用，可協助企業用戶觀察和分析關鍵性的業務資料，例如客戶流失預測、產品建議與欺詐警示等。在協助使用者提高資料分析的效率，同時保障企業資料安全。除此之外，隨著企業逐步導入雲端運算與巨量資料應用，傳統資料庫儲存結構逐漸無法滿足企業在巨量資料的儲存與查詢，為此 Oracle 將新一代資料庫產品的開發方向，設計成專為處理雲端資料庫整合，可協助使用者有效率的管理巨量資料、降低儲存的成本、簡化巨量資料分析並提高資料庫效能，同時針對資料提供高度的安全防護。

此外，Oracle 亦積極布局雲端產業，觀察其近年重要發展動態，甲骨文於 2019 年併購 CrowdTwist，增強其在 CRM 和客戶服務的雲端實力，並推出雲端無伺服器服務 Oracle Functions 讓企業用戶不須介入運算、網路基礎架構的維運工作，開發者只需專注功能開發，即使服務流量增加，系統也會自動進行水平擴充。2020 年 1 月，Oracle 宣布併購藥物安全監控與回報系統的供應商 NetForce，未來 Oracle 套裝軟體將可延伸至生命科學產業，包含臨床試驗與售後監督。為了讓企業可在自家資料中心內部署 Oracle 雲端產品，Oracle 在 2020 年 7 月推出 Autonomous Database on Exadata Cloud@Customer 自動化的資料庫管理服務，鎖定 AWS 及 Microsoft Azure 的解決方案，主打整合多種資料庫，並支援機器學習等功能。

2021 年 2 月，Oracle 擴展混合雲解決方案推出 Roving Edge 基礎設施，部署 IaaS 和 PaaS 服務執行低延遲運算。3 月時，Oracle 聘請 Microsoft 高管 Doug Smith 擔任新的戰略合作夥伴，由他負責與雲端及獨立軟體供應商相關的事務。Oracle 與中國大陸獨立的在線營銷和企業數據解決方案提供商 iClick 合作推出量身訂製的 SaaS 產品，另與 Saama 合作提供生命科學行業基於 AI 的應用程式，以加速臨床試驗。6 月，歐洲聯邦銀行擴大與 Oracle 和 Infosys 的合作，通過 Oracle CX 平台提供更好的客戶體驗。此外，Oracle 透過小型初創

公司 NetFoundry 的 ZTNA 技術來增強雲端和網路安全功能，並且與 Dish Wireless 簽訂雲計算合約，Dish 選擇 Oracle Cloud 為 5G 網路提供基於服務的架構。目前，Oracle 的歐洲雲區域已經實現了 100%的可再生能源供應，而公司在全球的 51 個辦事處已轉用全可再生能源。Oracle 於 6 月宣布，計畫到 2025 年利用可再生能源滿足全球 100%的電力需求。8 月時，推出了 Oracle Verrazzano 企業容器平台。

為了協助對抗 COVID-19 疫情，Oracle 為現有使用人力資本管理雲（Oracle Human Capital Management Cloud, HCM Cloud）的客戶提供員工健康和安全（Workforce Health and Safety）解決方案，此外，Oracle 還建立了 COVID-19 治療學習系統並將其捐贈給美國政府，使醫生和患者可以記錄 COVID-19 藥物治療的有效性。而在 2021 年 5 月，牛津大學和 Oracle 合作，加快 COVID-19 變體的識別，位控制疫情做出進一步貢獻。

5. Accenture

埃森哲（Accenture），其前身為 Andersen Consulting，創立於 1989 年，總部位於愛爾蘭都柏林（Dublin），是全球顧問諮詢、系統整合與委外服務的領導業者。雖然 Accenture 的業務是以服務為主體，但 Accenture 也擅長將其服務與其他資通訊軟體及硬體產品進行整合，因此包括 Microsoft、Oracle、SAP 等資通訊產品大廠都將 Accenture 視為重要的策略合作夥伴。Accenture 的資訊服務模式可分為兩大類，第一類是期程較短的個別專案，另一類則是期程較長的委外服務。其服務模式可以依照客戶的特性與所在的地理位置進行模組化組合，2020 年 Accenture 全球淨收入達 443 億美元，營收成長約 4%。Accenture 是《財富》全球 500 強企業之一，目前擁有約 49.2 萬名員工，服務於 120 多個國家的客戶。

Accenture 自 2015 年來持續針對具有特定優勢的廠商或事業單位進行併購，以擴大其營運領域與市場區域。近期較為顯著的併購策略方向是強化其在商業智慧、商業分析、數位行銷與世界各地企業諮詢方面的服務能量，目標是希望未來能透過新興的資通訊科技應用，提供企業客戶更有價值的系統整合與顧問服務，更加深入企

業營運與決策流程，並多方著墨新興產業領域，如能源領域、金融科技與物聯網產業等。

2020 年 8 月，Accenture 宣布併購總部位於義大利 Turin 的系統整合商 PLM Systems，收購 PLM Systems 是 Accenture 整體策略的一部分，其目的在戰略性擴展關鍵技術和能力。這是繼併購加拿大 Callisto Integration、法國 Silveo 和愛爾蘭 Enterprise System Partners 後，Accenture 併購的第四家智慧製造諮詢、服務和解決方案供應商。此外，Accenture 為加強其工業 X.0 業務，而併購德國嵌入式軟體公司 ESR Labs、荷蘭產品設計和創新機構 VanBerlo、美國產品創新和工程公司 Nytec 以及德國戰略設計諮詢公司 designaffairs。

2021 年 2 月，Accenture 與 SAP 合作部署基於雲的 SAP 解決方案，並收購了英國的 SAP 雲和軟體諮詢合作夥伴 Edenhouse，且與微軟擴大合作關係以支持英國低碳轉型。3 月，Accenture 收購技術諮詢公司 REPL Group、Imaginea 及巴西的工業機器人和自動化系統公司 Pollux，擴大其零售技術和供應鏈，並拓展雲端功能。4 月，Accenture 對非洲金融科技初創公司 Okra 進行戰略投資，並收購 Core Compete，擴展 AI 驅動的供應鏈、雲和數據科學領域的能力和人才。5 月，收購 Industrie&Co 以幫助澳洲客戶最大化雲優先投資並轉型為數字業務，且通過從 ThinkTank 收購資產來提升數字平台部署能力，另收購 Electro 80 以幫助資源公司實現運營現代化並提高效率。6 月宣布收購總部位於德國亞琛的工程諮詢和服務公司 umlaut，拓展 Accenture 的專業能力，助力企業利用雲端、AI 和 5G 等數位技術革新產品設計、開發和製造方式，落實可持續發展，另收購 Bionic、Sentor 與 Novetta 等。7 月，收購 Workforce Insight、Cloudworks、Ethica Consulting Group，擴展其在紐約、加拿大與義大利的能力。另外，收購 IT 服務提供商 Trivadis AG，擴展數據和 AI 能力，幫助企業加速數據驅動轉型。8 月，收購 LEXTA 以擴展 IT 基準、採購和諮詢方面的能力。

為提倡綠色環保與永續發展等概念，2021 年 5 月時，微軟攜手 Accenture、GitHub 及軟體諮詢公司 ThoughtWorks 一同成立了「綠色

軟體基金會」（Green Software Foundation），微軟、Accenture、高盛集團、GiHhub，以及 Linux 基金會、氣候團體等非營利組織合作，要為資料中心開發更環保的「綠色軟體」。目的是開發一個可持續的生態系統，為產生較少碳的應用程式提供支援，該基金會的目標是到 2030 年將軟體的碳排放減少 45%。7 月時，Free2Move eSolutions 和 Accenture 攜手加速能源向淨零轉型。

為了協助對抗 COVID-19 疫情，Accenture 與 Youchange Foundation 合作，向湖北省武漢市和黃岡市的七家醫院捐贈了 1,800 套防護服，另外，Accenture 也協助總部設在美國馬薩諸塞州劍橋市非營利性機構 Dimagi 改善關於 COVID-19 的 APP 功能，也使用 Amazon 智能音箱和 Alexa 建立了一個新的語音頻道，以提供有關如何避免冠狀病毒傳染、如何協助鄰里更好地緩解疫情壓力或與紅十字會聯繫的資訊。

6. SAP

SAP 成立於 1972 年，總部設於德國沃爾多夫，是目前歐洲最大的軟體公司，同時亦是全球最大的商業應用、企業資源規劃（ERP）解決方案以及獨立軟體的供應商，在全球企業應用軟體的市場占有率超過 3 成，2020 年 SAP 資訊服務與軟體營收約 273 億美元，雲端產值約占 30%。

早期 SAP 的產品主軸為 SAP CRM 以及 SAP ERP 等企業應用套裝軟體，其後隨著客戶對資料分析、後端整合的需求增加，開始發展 Business Objects 系列的企業分析軟體，以及 SAP Netweaver 中介軟體等。行動應用興起後，SAP 透過併購 Sybase，切入行動管理平台、行動解決方案以及行動資料庫管理系統等市場。直至今日，SAP 已經擁有資料庫軟體、中介軟體以及企業流程軟體，布局趨於完整。

觀察 SAP 近年的重要發展動態，以積極布局雲端服務為主要方向，包括結合合作夥伴的雲端基礎服務，如 Microsoft Azure、IBM Bluemix 等，透過與合作夥伴在雲端應用的合作與互通，由合作夥伴

提供 IaaS、PaaS 等雲端基礎及平台服務，SAP 提供 SAP HANA 等企業雲應用服務，將 SAP 服務推廣到合作夥伴所在的主要市場。

2020 年 7 月，SAP 透過在美國公開募股的方式，出售旗下軟體服務部門 Qualtrics 的股權。Qualtrics 是用戶體驗管理市場領導者，此類軟體是一個龐大、快速增長且發展迅速的市場。SAP 打算保留 Qualtrics 的多數股權，這次公開募股的主要目的是希望強化 Qualtrics 自主權，並使其能夠擴大在 SAP 客戶群內以及其他客戶群，SAP 仍將是 Qualtrics 最大和最重要的上市及研發（R&D）合作夥伴，同時通過與 Qualtrics 建立合作夥伴關係並建立整個體驗管理生態系統。

在 2020 年底到 2021 年初，SAP 陸續與鴻海、微軟及 Software AG 合作，主要為整合相關數據及應用，刺激工業 4.0 發展。2021 年 3 月，波士頓-BayPine LP 選擇 SAP SE 作為戰略技術合作夥伴，另 SAP 發布了九個安全更新，包括對兩個新發現的關鍵漏洞的修復。4 月，推出 SAP 智慧機器人流程自動化（SAP Intelligent Robotic Process Automation, SAP Intelligent RPA），此為一款能跨系統實現端到端業務流程自動化的解決方案。7 月時，SAP 宣布將在未來五年內向英國投資 2.5 億歐元，並希望在 2026 年 11 月之前增加 250 個實習生名額。而 IBM 和 SAP SE 共同宣布，SAP 打算將 SAP 的兩個財務和數據管理解決方案加入 IBM Cloud for Financial Services，以幫助加速 IBM 雲在全球範圍內的採用。

為加速臺灣企業快速投入數位轉型，5 月臺灣思愛普 SAP 推出 RISE with SAP 一站式解決方案，而到 6 月 NTT DATA 加速 RISE with SAP 落地臺灣，協助企業輕鬆轉型上雲。除此之外，健身器材新創 Peloton 宣布投入智慧穿戴裝置市場，並與 SAP、三星等合作。遠程協助提供商 TeamViewer 與 SAP 建立了新的戰略合作夥伴關係，提升 AR 系統，優化的工作流程及遠程支持推動工業環境中的數位化轉型。SAP 則是重新推出 Upscale Commerce，與 Shopify 的高端產品展開競爭。

為了協助對抗 COVID-19 疫情，SAP 提供 Qualtrics Remote Work Pulse 免費問卷功能，協助企業即時掌握員工遠距辦公狀況，了解員

工為了適應新工作所需要的支援,並開放 SAP Ariba Discovery 給所有供應鏈的買家免費使用,也邀請所有夥伴在 SAP 社群,分享因應疫情而對企業免費或開放的解決方案。此外,SAP 贊助的 HPI Future SOC Labs 捐贈伺服器電源給史丹佛大學,並協助其模擬可能與疫苗開發有關的資訊。

7. Symantec

　　Symantec 成立於 1982 年,總部位於美國加州山景城(Mountain View),其核心的業務在於提供個人與企業用戶資訊安全、儲存與系統管理方面的解決方案,是全球資訊安全、儲存與系統管理解決方案領域的領導廠商,2020 年營收約 49 億美元。

　　在產品服務方面,Symantec 主要提供資訊安全與管理服務,並可以分為雲端安全防護產品、備援歸檔以及雲端儲存等功能,其中雲端安全產品包括 DLP(Data Loss Prevention)、CSP(Critical Systems Protection)、Endpoint Protection、Verisign 身分驗證服務等。Symantec 的資訊安全與管理服務為一整套的雲端安全解決方案,提供企業全方位的雲端資訊安全服務,涵蓋網路、儲存設備、端點系統等,達到監控、偵測、防護企業資料,保護企業虛擬機器與資產的目的。除了一般個人電腦,Symantec 的資訊安全與管理服務同時切入資安需求日漸增加的行動裝置市場,包括行動裝置的網路安全、檔案傳輸安全與裝置安全等。

　　觀察 Symantec 近期重要發展動態,在 2019 年 8 月,通訊晶片大廠博通(Broadcom)以 107 億美元現金(約新臺幣 3,383 億元),收購 Symantec 的企業安全業務,而 Symantec 仍然保有消費性安全產品,包括身分防護服務 LifeLock 及 Norton 防毒軟體。2020 年 1 月,博通宣布將原賽門鐵克網路安全服務部門(Cyber Security Services)賣給 IT 顧問公司 Accenture,Symantec 網路安全服務部門將整併到 Accenture 安全服務部門。全球性 IT 代理商 Westcon Taiwan 威實康科技自 2020 年 9 月起正式成為賽門鐵克臺灣區代理商。12 月時,前身是賽門鐵克消費產品部門的 NortonLifelock 宣布以 3.6 億美元收購德國防毒軟體業者 Avira。

第二章 資訊軟體暨服務市場總覽

儘管企業端產品線股權已易主，賽門鐵克首席技術顧問張士龍表示，Symantec 仍持續進行研發，包含地端及整合式網路防禦（Integrated Cyber Defense）平台，在 OT 場域，亦設計實體設備 ICSP（Symantec Industrial Control System Protection），協助機台確保使用隨身碟進行程式修補更新的安全。透過整合式網路防禦降低資安複雜度與雲端風險管理是其近年來的發展重點，整合式網路防禦是指透過統一管理介面，掌握來自不同控制點所蒐集的資訊，以標準化格式進行資料蒐集與交換，並透過 API 介接企業既有的安全資訊事件管理系統（Security information and event management, SIEM），解除異質資安技術的資料孤島問題，提高可視性與資料分析力。

擁有高市占的 Symantec 企業防毒軟體（Symantec Endpoint Protection, SEP），自 2019 下半年開始，出現不少漏洞，像是本地端權限漏洞，可讓駭客隨著 SEP 啟動在受害電腦持續載入惡意程式，還有因病毒碼更新導致電腦出現 BSOD 而無法使用等情況。在安全部門被博通買下後，情況有好轉的現象。2020 年 9 月，Symantec 發現一起全球網路間諜攻擊，又名 BlackTech 的駭客組織 Palmerworm，運用 Putty、PSExec、SNScan、WinRAR 這類兩用工具（dual use tools）進行離地攻擊，臺灣、中國大陸、日本與美國許多企業受害，而 Symantec 也提供了其使用的惡意程式 Consock、Waship、Dalwit、Nomri、Kivars 及 Pled 使用的入侵指標（IoC）供企業資安部門參考。

在對抗 COVID-19 疫情方面，Symantec 觀察到數十種新的惡意電子郵件活動，其阻止的惡意電子郵件數量激增，這些激增的垃圾郵件重點包含口罩銷售、醫療設備、防疫用品及其他與 COVID-19 有關的產品。

8. Salesforce

Salesforce 成立於 1999 年，總部位於美國舊金山，（Mountain View），其核心的業務在於提供個人化需求的客戶關係管理的軟體服務和解決方案，是客戶關係管理（CRM）的領導廠商，2020 年營收約 171 億美元。

觀察 Salesforce 近期的重要發展動態，在 2019 年 6 月，Salesforce 宣布以 157 億美元，買下資料分析公司 Tableau，透過此併購，Salesforce 可以強化資料分析與視覺化工具。2020 年 2 月，Salesforce 宣布併購雲端及行動軟體解決方案供應商 Vlocity，Vlocity 是一家原生建立在 Salesforce 平台，針對電信、媒體、娛樂、能源、公用事業、保險、衛生和政府組織的行業提供雲端及行動應用的軟體服務商。同年 12 月，Salesforce 宣布將以 277 億美元併購 Slack，未來 Slack 將成為 Salesforce Customer 360 的新介面。此外，Salesforce 推出工作流程自動化工具 Einstein Automate，可讓用戶可以不需要撰寫程式碼，就能建置自動化工作流程，以及串接不同平臺的資料。

2021 年 3 月，Salesforce 推出了下一代銷售雲—Sales Cloud 360，它具有靈活的技術和全球最大的銷售合作夥伴生態系統，各種規模的公司都可以依靠該生態系統來增加收入和提高生產力。此外，在 Salesforce Digital 360 中推出了新的基於 AI 的帳戶營銷（ABM）功能，旨在幫助銷售團隊擴展其活動。4 月時，全球統一通信提供商 net2phone 與 Salesforce 合作，以提高 CRM 巨頭環境中的通話效率。另發布了 Salesforce 學習路徑，該產品將允許用戶將學習計畫直接集成到 Salesforce 中。

在對抗 COVID-19 疫情方面，Salesforce 推出一系列 COVID-19 護理解決方案包含患者關係平台 Salesforce Health Cloud、線上課程學習平台 MyTrailhead、Salesforce 客戶社群服務。此外，Salesforce 也與 Damco Solutions 合作，提供醫療保健行業因應 COVID-19 的各種解決方案，Damco 是一家軟體解決方案及業務流程委外的 IT 公司。Gearset 執行長 Kevin Boyle 表示，在 Salesforce 軟體即服務平台（SaaS）上構建應用程式的開發人員中，DevOps 成熟度正在迅速提高。在 COVID-19 大流行之後，許多組織都採用 SaaS 平台來加速其數位業務轉型計畫。

二、臺灣市場總覽

依據前述的資訊軟體暨服務市場定義與範疇，以下將分析臺灣市場規模與發展趨勢，並剖析臺灣資訊軟體暨服務產業結構及現況。

（一）市場趨勢

臺灣資訊軟體暨服務產業，預估產值將由 2020 年的 3,292 億元成長至 2024 年的 5,623 億元新臺幣，成長動能來自系統整合與資料處理業務的成長，主要來自雲端、5G、物聯網、資安等應用，帶動企業 IT 建置需求增加，驅動民間商機成長及行業別應用，此外，不少企業在疫情驅動下改變了營運模式，亦帶動整體資服產值成長。

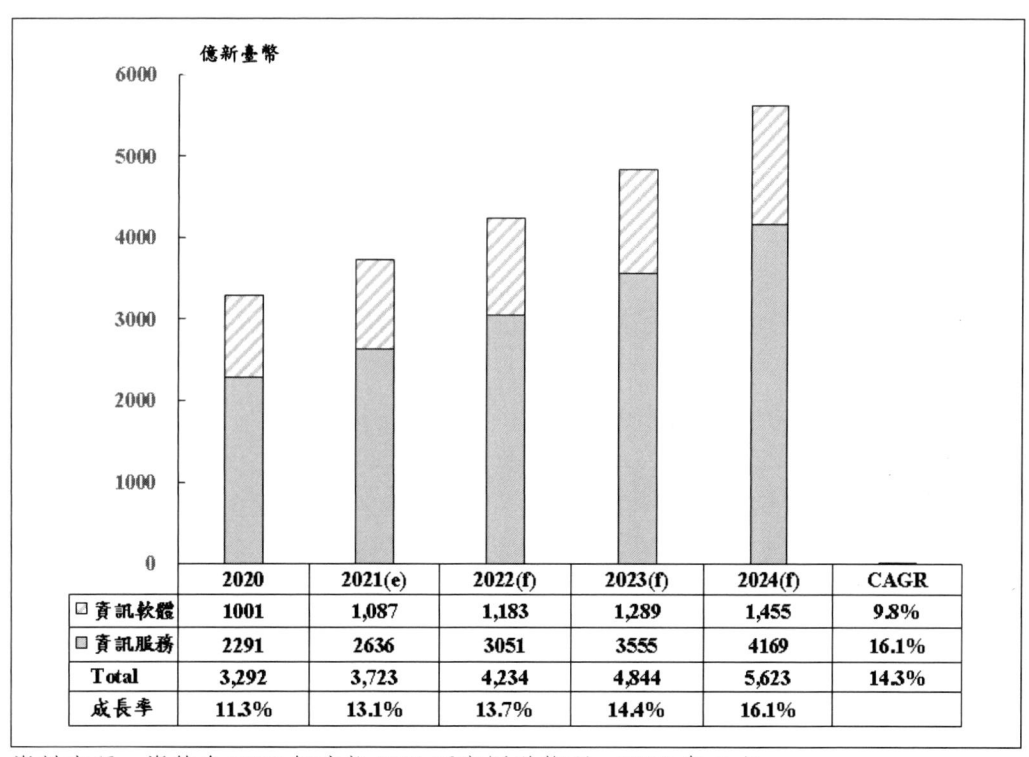

億新臺幣	2020	2021(e)	2022(f)	2023(f)	2024(f)	CAGR
資訊軟體	1001	1,087	1,183	1,289	1,455	9.8%
資訊服務	2291	2636	3051	3555	4169	16.1%
Total	3,292	3,723	4,234	4,844	5,623	14.3%
成長率	11.3%	13.1%	13.7%	14.4%	16.1%	

資料來源：資策會 MIC 經濟部 ITIS 研究團隊整理，2021 年 9 月

圖 2-6 臺灣資訊軟體暨服務產業產值

1. 發展趨勢分析

2020年資訊產業技術發展趨勢聚焦於5G基礎建設（基地台建置與商業模式探索）、物聯網（發展邊緣運算）與人工智慧（技術提升與產品落地），進而串聯不同的技術來開創新的應用場景和商業模式。而後擴散到不同產業，包括製造業（智慧製造）、金融業（智慧金融）、零售業（智慧零售）、醫療業（智慧醫療）等領域，並從中發展領域專業知識並提供顧問諮詢服務。

觀測2020年到2024年，預估產值將由2020年的3,292億元成長至2023年的5,623億元新臺幣，年複合成長率14.3%，其中系統整合與資料處理占比超過70%。主要受惠於雲端服務、人工智慧、金融科技、資訊安全及雲端服務之應用等議題發酵，同時科技化解決方案的普及也帶動產值的增加。

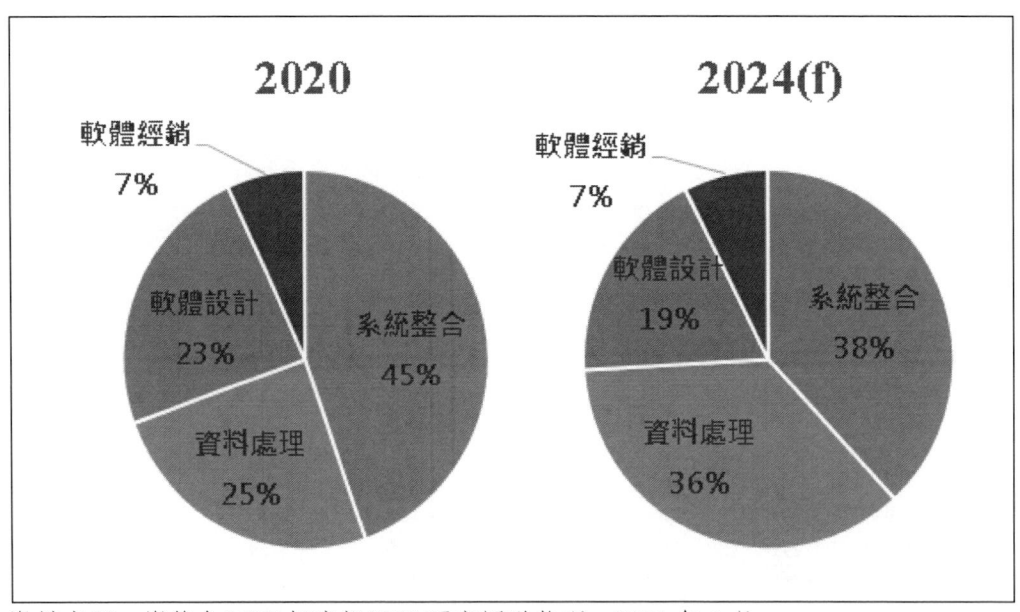

資料來源：資策會MIC經濟部ITIS研究團隊整理，2021年9月

圖2-7 臺灣資訊軟體暨服務產業次產業分析

(1) 系統整合產業趨勢分析

系統整合市場方面，臺灣系統整合市場主要是由大型企業的持續採用需求驅動。大型企業因布局全球市場而擴增資通訊軟硬體，或因週期性需求更新或汰換原有的資訊系統，或因企業與部門之間的整併而調整資訊解決方案的投資應用。

綜觀近年臺灣系統整合市場規模成長平穩，除了智慧製造的議題逐步發酵外，資訊安全議題也隨著企業進行數位轉型而開始受到重視，預期會成為未來系統整合市場的成長動能。預估臺灣系統整合產值將由 2020 年的 1,471 億元成長至 2024 年的 2,142 億元新臺幣，主要支撐力來自系統規劃、分析、設計及建置等相關專標案，及資訊安全、災害復原、設備管理、技術諮詢等需求，此外，新冠肺炎疫情加速企業數位轉型腳步，5G、雲端、人工智慧等科技帶動系統整合產值提升。

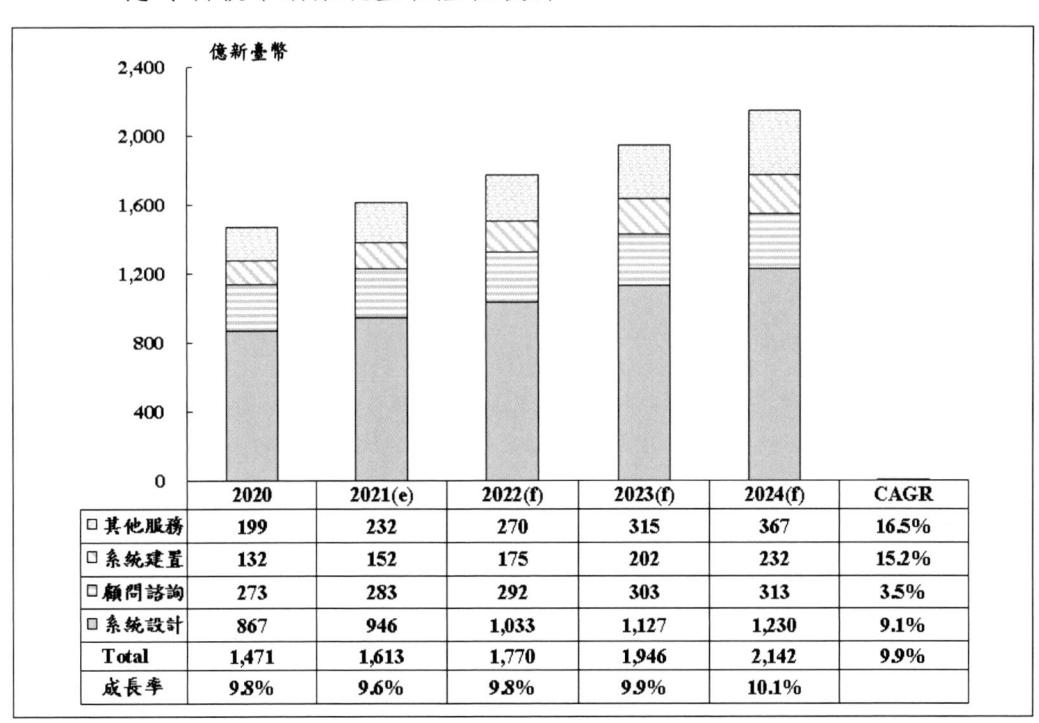

	2020	2021(e)	2022(f)	2023(f)	2024(f)	CAGR
其他服務	199	232	270	315	367	16.5%
系統建置	132	152	175	202	232	15.2%
顧問諮詢	273	283	292	303	313	3.5%
系統設計	867	946	1,033	1,127	1,230	9.1%
Total	1,471	1,613	1,770	1,946	2,142	9.9%
成長率	9.8%	9.6%	9.8%	9.9%	10.1%	

資料來源：資策會 MIC 經濟部 ITIS 研究團隊整理，2021 年 9 月

圖 2-8 臺灣系統整合業產值

在系統整合業中，系統設計及設備管理及技術諮詢在整體系統整合業占比達7成，相較2019年，2020年系統規劃分析及設計增加0.2%，而系統整合建置及其他電腦相關服務持平。相較2019年，2020年系統規劃、分析及設計較2019年成長，主要支撐力來自系統整合建置及其他電腦相關服務，包含中小企業應用以及金融服務應用等，此外，後疫情時代，各行各業因數位轉型而帶出的IT需求亦驅動系統整合業產值成長。

次產業	2019	2020	2021(e)	2022(f)
其他電腦相關服務	13.5%	13.5%	14.4%	15.3%
電腦設備管理及資訊技術諮詢	18.8%	18.6% ↓	17.5%	16.5%
系統規劃、分析及設計	58.7%	58.9% ↑	58.7%	58.3%
系統整合建置	9.0%	9.0%	9.4%	9.9%

資料來源：資策會MIC經濟部ITIS研究團隊整理，2021年9月

圖2-9 臺灣系統整合業分析

(2) 資料處理資料處理業趨勢分析

在資料處理服務市場方面，主要是以資訊管理委外和系統維護支援為主軸。流程管理委外則偏重於客服中心服務委外，以及金融帳單管理委外，程式開發代工多採用由外包廠商派駐程式開發人力於企業的模式。預估資料處理及資訊供應服務業產值，將由2020年的820億元新臺幣成長至2024年的2,026億元新臺幣，其中資料處理、主機及網站代管占整體系統整合產值超過8成，主要支撐力來自於主機代管、異地備援及雲端運算業務的成長，此外，來自AI、FinTech、大數據等新科技，及數據驅動的各種IT需求，亦是推動產值向上的主要原因。

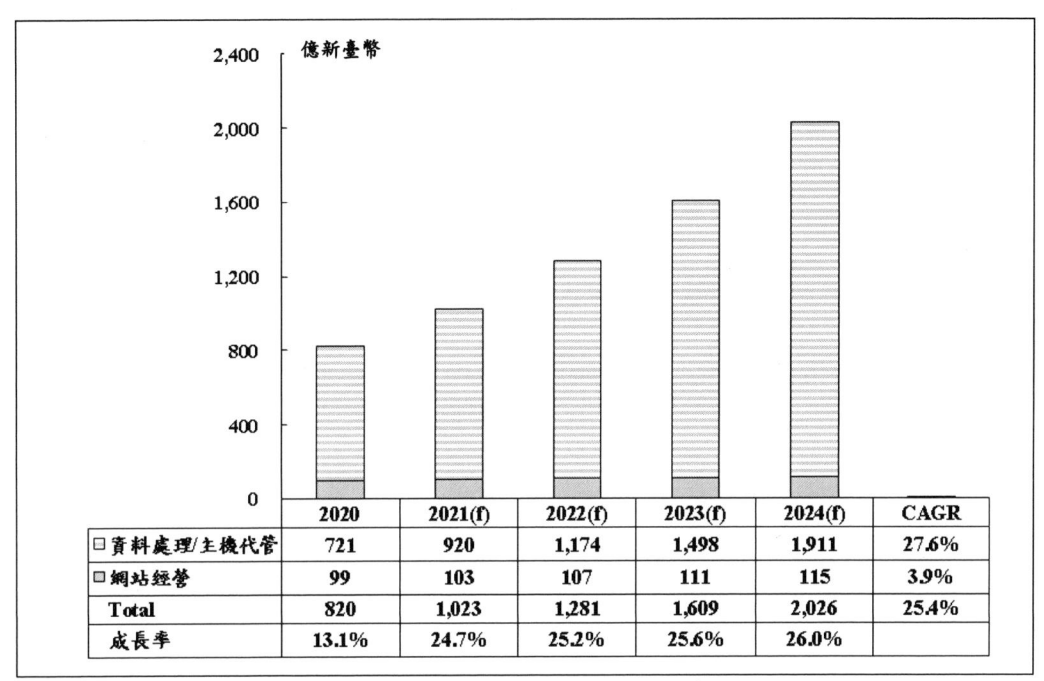

億新臺幣	2020	2021(f)	2022(f)	2023(f)	2024(f)	CAGR
資料處理/主機代管	721	920	1,174	1,498	1,911	27.6%
網站經營	99	103	107	111	115	3.9%
Total	820	1,023	1,281	1,609	2,026	25.4%
成長率	13.1%	24.7%	25.2%	25.6%	26.0%	

資料來源：資策會 MIC 經濟部 ITIS 研究團隊整理，2021 年 9 月

圖 2-10 資料處理資料處理產業產值

在資料處理與資訊供應服務業中，資料處理及主機代管服務業之產值占比超過 8 成。相較 2019 年，2020 年資料處理及主機代管服務業之產值較 2019 年增加 1%，預估到 2021 年將成長到 90%。主要支撐力來自雲端、委外及主機網站代管等服務業務的拓展，受惠於疫情對企業營運模式帶來的改變，有許多公司採用「在家工作、遠端協作」模式取代傳統的辦公室上班。此外，愈來愈多企業數據需要即時分析，對於資料處理的需求也越來越即時，加上數據分析、AI/ML 等應用，開始大量應用在企業運作中。

次產業	2019	2020	2021(e)	2022(f)
資料處理、主機及網站代管	87%	88% ↑	90%	92%
網站經營	13%	12% ↓	10%	8%

資料來源：資策會 MIC 經濟部 ITIS 研究團隊整理，2020 年 3 月

圖 2-11 臺灣資料處理與資訊供應服務業分析

2. 資訊軟體市場規模

在軟體市場方面，雲端運算、巨量資料服務、行動應用、遊戲軟體與智慧型裝置仍左右臺灣軟體市場未來數年走勢，預估資訊軟體業產值，將由 2020 年的 1,001 億元新臺幣成長至 2024 年的 1,455 億元新臺幣，主要支撐力來自非遊戲程式設計、修改、測試及維護，如作業系統程式、應用程式之設計。此外，在雲端、AI、5G、遠距等技術相互疊代的發展下，新技術發展將愈來愈成熟，加上疫情加快企業數位轉型的腳步，軟體應用與服務因為虛實整合、顧客導向、多元技術融合、智動化四個背景因素影響，發展出新的格局，也帶動軟體業產值提升。

第二章　資訊軟體暨服務市場總覽

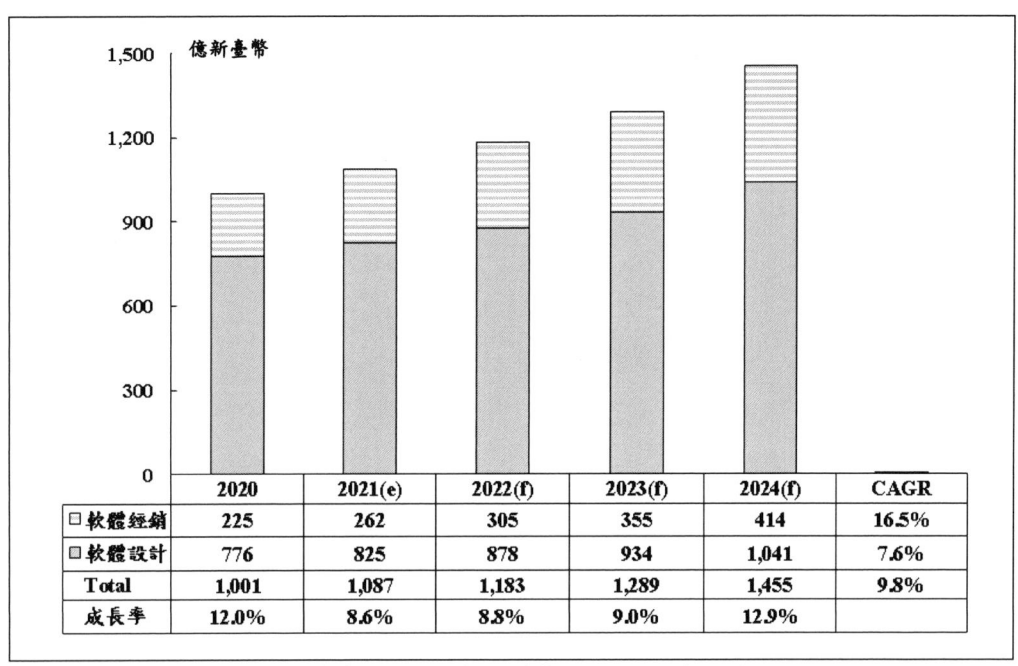

	2020	2021(e)	2022(f)	2023(f)	2024(f)	CAGR
軟體經銷	225	262	305	355	414	16.5%
軟體設計	776	825	878	934	1,041	7.6%
Total	1,001	1,087	1,183	1,289	1,455	9.8%
成長率	12.0%	8.6%	8.8%	9.0%	12.9%	

資料來源：資策會 MIC 經濟部 ITIS 研究團隊整理，2021 年 9 月

圖 2-12 臺灣軟體產業產值

(1) 軟體設計產業分析

臺灣軟體設計市場主要由大型企業持續需求採用所驅動，包括持續擴建或升級資訊系統，或因週期性需求而更新或汰換原有資訊系統等。其中應用軟體市場方面，雖受惠智慧製造，MES 建置熱絡，但由於 ERP 等傳統應用不振，使整體應用軟體規模成長短期難有表現；資訊安全市場伴隨著聯網裝置出貨量提升、物聯網應用擴張而持續升溫；資料庫市場受惠於近年巨量資料應用和雲端運算的發展，表現較其他軟體為優；開發工具部分則以虛擬化應用、商業分析為要角。預估軟體設計業產值，將由 2020 年的 776 元億新臺幣成長至 2024 年的 1,041 億元新臺幣，其中電腦設計占整體資訊軟體設計業產值超過 9 成，主要支撐力來自於軟體之程式設計、修改、測試及維護等業務成長。此外，隨著 Web 技術、雲端架構、容器技術、DevOps 流程等新興開發技術

和方法的成熟和普及,加上因防疫需求帶動遠距商機所驅動的各種資訊服務需求,帶動軟體設計業的需求。

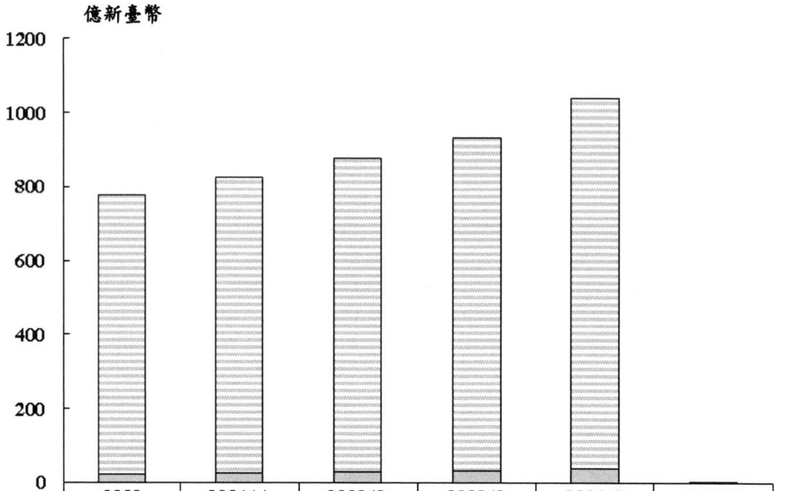

	2020	2021(e)	2022(f)	2023(f)	2024(f)	CAGR
其他電腦程式設計	753	800	849	902	1003	7.4%
網頁設計	23	26	28	32	38	13.1%
Total	776	825	878	934	1,041	7.6%
成長率	7.2%	6.3%	6.4%	6.4%	11.5%	

資料來源:資策會MIC 經濟部ITIS 研究團隊整理,2021 年9 月

圖 2-13 臺灣軟體設計產業產值

(2) 軟體經銷產業

在軟體經銷市場方面,臺灣大眾套裝軟體主要以商用軟體和遊戲軟體為主。隨著行動裝置應用逐漸普及,消費者使用行為習慣逐漸轉變,行動應用成為企業接觸消費者重要窗口,其市場規模將持續走揚,預估臺灣軟體經銷產值將由2020 年的225 億元新臺幣成長至2024 年的414 億元新臺幣。其中遊戲軟體占整體通路經銷業產值超過8 成,而其他軟體出版包括非遊戲軟體出版,如作業系統軟體、應用軟體、套裝軟體等。

第二章　資訊軟體暨服務市場總覽

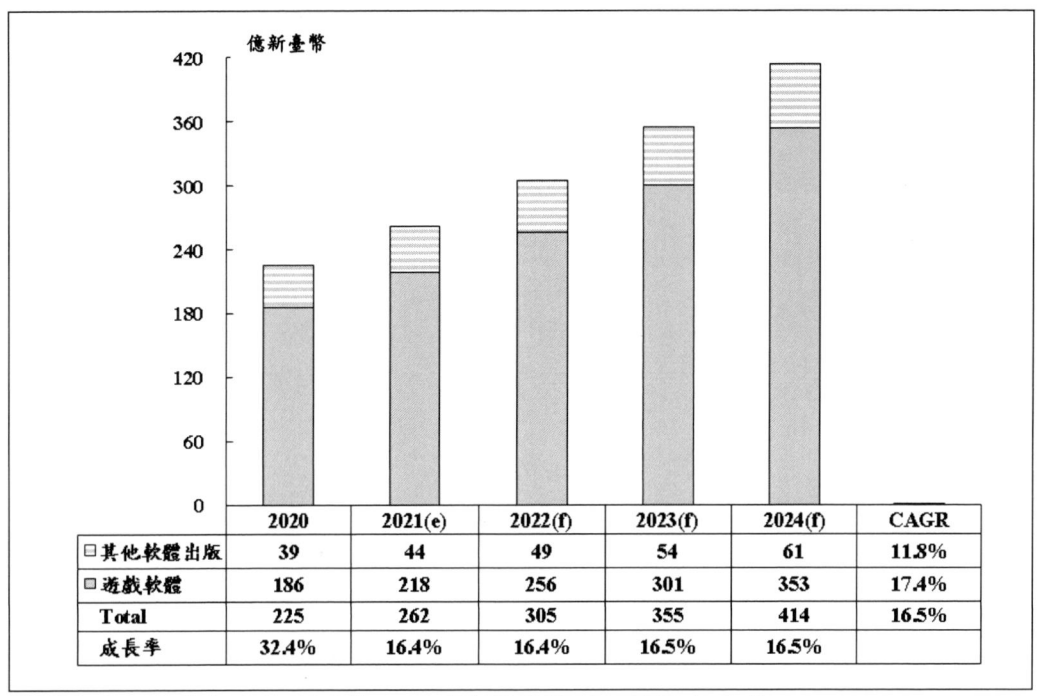

(億新臺幣)	2020	2021(e)	2022(f)	2023(f)	2024(f)	CAGR
其他軟體出版	39	44	49	54	61	11.8%
遊戲軟體	186	218	256	301	353	17.4%
Total	225	262	305	355	414	16.5%
成長率	32.4%	16.4%	16.4%	16.5%	16.5%	

資料來源：資策會MIC經濟部ITIS研究團隊整理，2021年9月

圖2-14 臺灣軟體經銷產業產值

在臺灣軟體業中，程式設計之產值占比接近8成，相較2019年，2020年遊戲軟體較2019年增加3.3%，網頁設計較2019年增加0.1%，軟體出版較2019年增加0.2%。主要支撐力來自於遊戲軟體、商用軟體、辦公室應用軟體等的需求，例如，公文管理、薪資管理、知識管理、CRM、會計系統等雲端應用軟體及資安防護的解決方案成為企業數位轉型的重要推手。

次產業	2019	2020		2021(e)	2022(f)
程式設計	78.7%	75.2%	↓	73.6%	71.8%
網頁設計	2.2%	2.3%	↑	2.4%	2.4%
軟體出版	3.7%	3.9%	↑	4.0%	4.1%
遊戲軟體	15.3%	18.6%	↑	20.1%	21.7%

資料來源：資策會 MIC 經濟部 ITIS 研究團隊整理，2021 年 9 月

圖 2-15 臺灣軟體業分析

　　整體資服產值成長之主要推動力量來自雲端、5G、物聯網、資安等應用，除了帶動企業 IT 建置需求增加，亦驅動民間商機成長及行業別應用。系統整合的推力來自系統規劃、分析、設計及建置等相關專標案，及資訊安全、災害復原、設備管理、技術諮詢等需求，此外，新冠肺炎疫情（COVID-19）加速企業數位轉型腳步，5G、雲端、人工智慧等科技亦帶動系統整合創新應用成長。資料處理產值之主要支撐力來自於主機代管、異地備援及雲端運算業務的成長，而來自 AI、FinTech、大數據等新科技，及數據驅動的各種 IT 需求，亦是推動產值向上的主要原因。資訊軟體設計業產值成長之主要支撐力來自於軟體之程式設計、修改、測試及維護等業務成長。

　　隨著 Web 技術、雲端架構、容器技術、DevOps 流程等新興開發技術和方法的成熟和普及，加上因防疫需求帶動遠距商機所驅動的各種資訊服務需求，帶動軟體設計業的市場需求，此外，例如公文管理、薪資管理、知識管理、CRM、會計系統等雲端應用軟體及資安防護的解決方案亦成為企業數位轉型的重要推手，推動資訊軟體業產值成長。

（二）產業結構

綜觀臺灣整體資訊服務與軟體產業結構與現況，呈現出臺灣本土業者與外商競合之情形。位於軟體產業價值鏈上游之本體軟體產品供應商雖比不上外商強勢，但因深耕臺灣國內市場多年，已廣受中小企業青睞。位於軟體產業價值鏈中游之本土代理商，則憑藉其通路優勢，代理本土業者或外商之軟體產品與資訊服務以獲取利益。位於軟體產業價值鏈下游之資訊服務商與加值經銷商（Value Added Reseller, VAR），為大部分臺灣軟體業者之經營型態，其中主力為系統整合商，依據用戶需求提供軟硬體、資通訊及服務之整合解決方案，其業務需依據用戶需求進行一系列之系統規劃與建置，以達到最佳化、客製化與後續支援維運。

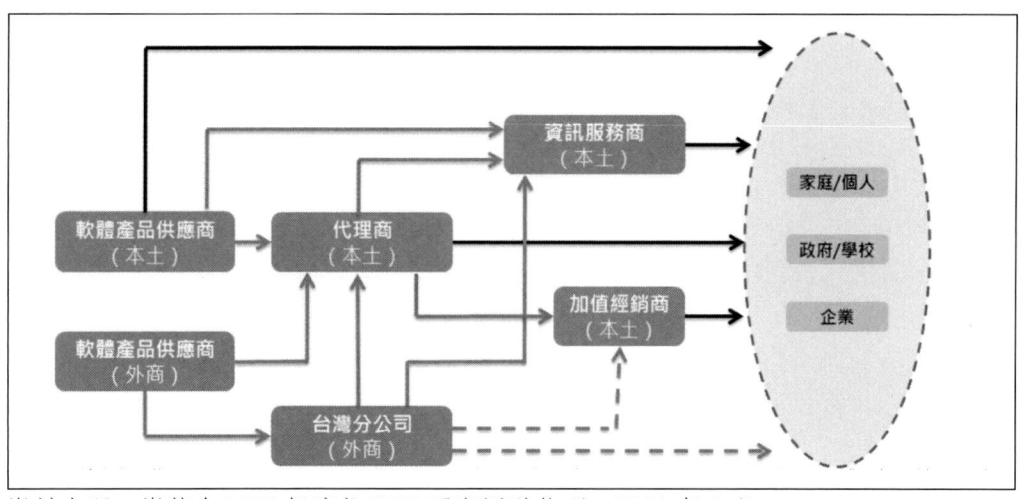

資料來源：資策會 MIC 經濟部 ITIS 研究團隊整理，2021 年 9 月

圖 2-16 臺灣資訊服務暨軟體產業結構

臺灣軟體之使用者方面，涵蓋企業、政府與個人，用戶多以價格、產品功能、市占率及軟硬體系統彈性為採用軟體之主要考量。另外，用戶對於軟體廠商之挑選條件，還包括檢視廠商知名度與評價、業者營運規模與穩定性、專業顧問能力與導入經驗、客製化服務能力、技術支援能力與服務品質。

整體而言，臺灣資訊軟體暨服務產業發展已具基礎，廠商皆於各自之領域中累積長期經驗及領域知識，已能精確掌握且提供滿足用戶需求之解決方案。然而，因為產業進入門檻不高，導致小廠林立，且廠商又集中於少數之利基市場，形成小而零散之產業結構。

第三章│全球資訊軟體暨服務市場個論

一、系統整合

(一)市場趨勢

　　軟體系統整合市場係指將不同的系統以及軟體應用串聯的服務，讓多個不同的次系統能夠以單一完整的體系運作，在系統整合的過程中，確保所有的次系統的功能都能夠在單一體系下彼此串聯相容。

　　系統整合資訊服務廠商則是在協助企業進行資訊科技的評估、建置、管理、最佳化等作為，這些服務包含牽涉到專案導向的商業顧問、科技顧問、軟硬體系統設計與建置，以及期約導向的資訊委外、軟硬體維護等服務，而依照整合範疇來看，可分為垂直整合以及水平整合兩種模式：

- 垂直整合：相對於水平整合，垂直整合依據各次系統的功能疊加各種功能及應用，系統相對封閉，通常整合速度較快且成本較低。

- 水平整合：著重在各個系統間的相互通訊以及整合方式，讓不同的應用服務協調運作，能夠增加系統擴展的彈性

　　系統整合業者利用各種套裝軟硬體、整合與顧問服務等資訊科技與服務，將資訊系統所需之要素彙整，協助企業達到各種營運策略與目的。

1. 顧問諮詢

　　面對數位轉型的複雜性以及與組織策略的整合困難，讓數位轉型的顧問諮詢服務持續成長，全球大型的數位轉型顧問資訊業者包括：Accenture、Cognizant、PWC、Capgemini、KPMG 等，顧問諮

詢廠商在各產業的領域知識以及顧問的方法論、科技應用經驗等，都應具備其價值。

2. 系統設計與建置

與顧問諮詢業者的模式不同，系統設計與建置業者專精在資訊科技系統建置與導入，重點在於科技上的專精以及系統整合的能力，透過結合跨領域、跨技術的合作夥伴，協助企業完成系統導入、異質系統整合，近年也積極與顧問諮詢業者、電信業者、資訊安全、人工智慧等相關領域的業者合作，協助客戶將新興科技導入在企業運營上，主要的業者包含 IBM、CSC、NTT DATA、Dell 等。

在 2020 年上半年新冠疫情（COVID-19）的影響導致全球系統整合市場需求衰退，不少大型的數位轉型計畫因為疫情的影響而被迫中止或是暫緩，但在下半年由於企業遠距辦公、以及學生在家學習的需求，增加雲端運算以及遠距存取軟體、資訊安全的投資，提升系統整合的市場成長，讓疫情衝擊逐漸縮小，隨著疫情的發展影響人們的生活，新冠肺炎疫情改變生活以及企業營運的模式：

- **改變人們的互動模式**：由於疫情的影響，不論是在家辦公、減少群聚機會以及居家隔離等日常，已逐漸地改變人們在生活、社交、工作的互動模式。

- **改變企業合作模式**：疫情改變企業之間的互動模式，對供應鏈而言，傳統以訪廠、驗廠等追蹤及協同合作的模式難以進行，透過非接觸的模式掌握其供應鏈以及合作夥伴的生產進程，而對其顧客也須在遠距狀態下共同合作維持聯繫，迫使企業員工在不同以往的營運模式下為其企業貢獻。

- **增加企業營運彈性**：由於新冠肺炎疫情（COVID-19）的影響，企業需要增加營運的彈性以因應疫情期間的快速變化，加速企業提升營運的彈性及敏捷性，企業為了能夠快速地因應市場需求轉變、實地辦公模式及遠距辦公模式切換，並根據國際貿易轉變所進行的資源跨國配置，需要系統整合提供多雲管理、自動化的服務。

第三章 資訊軟體暨服務市場個論

系統整合業者在疫情期間，協助企業在員工遠距辦公、供應鏈與顧客遠距協同合作、企業營運彈性需求上，透過雲端、人工智慧、5G、資安等科技工具達成企業在營運上的需求，在疫情趨緩後快速因應調整，發展策略合作關係。

(1) 雲端運算

雲端已不是相當新穎的科技或是技術，不論是採用公有雲、私有雲、或是混合雲的架構，大多數的企業已部分採用雲端，然隨著雲端需求提升，對於雲端數位轉型服務的需求也隨之增加，系統整合業者著重在協助企業對既有的業務重新思考採用雲端的架構，創造更多的數位轉型價值，企業也需要系統整合業者協助在雲端升級的過程中，降低其導入成本與導入效率。

(2) 自動化發展

由於工業 4.0 的發展，增加企業系統整合的需求，為提升產品的品質、增加生產效率、縮短交期、或是精算、降低成本，智慧化工廠增加系統整合的需求。

(3) 5G 應用部署

自 2019 年起，許多重點城市開始嘗試部署 5G 的基礎建設，各產業也將因應 5G 的通訊技術衍伸出新的商業模式以及應用解決方案，企業已展開 5G 世代的競逐以搶得先機，未來在 5G 將會有以下三個顯著的改變：

- **大頻寬**（Enhanced Mobile Broadband, eMBB）：滿足大量資料傳輸需求，5G 提供更高的頻寬及速度，能夠傳輸更大量的數據以及提供更高的畫質，實現未來高傳輸需求的應用，如：虛擬實境（Virtual Reality, VR）、擴增實境（Augmented Reality）等應用。

- **多連結**（massive Machine Type Communication, mMTC）：大量裝置串聯，5G 能夠同時連接大量的聯網裝置，高密度的連接能夠滿足工業所需的聯網需求，未來在智慧廠區中，連

結大量的感應器蒐集資料，有助於未來人工智慧在廠區的發展。

- **低延遲**（Ultri Reliable Low Latency Communications, URLLC）：低延遲的連接速度為許多應用的關鍵，如自駕車系統運算，5G 的低延遲能夠提供更高的安全性，在自動駕駛的運算中，即便些微的延遲都可能造更嚴重的後果。

根據上述三點，5G 的效益能夠帶給產業更高的生產力，並且能解放員工的空間限制，系統整合業者也根據產業的特色，協助業者在 5G 的世代創造營運價值。

(4) 更完整的資安防護需求

依近年資安事件的發展趨勢來看，企業對於直接的駭客攻擊防護能力逐漸提升，惟目前的攻擊模式逐漸轉向間接、大範圍、持續性的攻擊，企業僅部署內部的資安防護並無法達到足夠的安全防護，除了企業內部的資訊系統安全防護外，在工業控制系統、物聯網裝置、端點的安全，甚至是第三方合作夥伴、供應鏈的安全要求及管理，為企業需考量的資安防護範圍。

- **新冠肺炎疫情（COVID-19）衍伸的資安需求**：由於新冠肺炎疫情的影響，讓企業面臨不同的資安架構、防護策略與環境，傳統以內、外網隔離的防護模式已難以防護到非處於企業內部網路的員工，成為駭客覬覦的切入點，系統整合業者必須思考如何偵測以及防護過去不曾面對的資安環境，提供企業完整的安全防護。

- **攻擊目標轉向大型基礎建設**：在過去這段時間內，惡意軟體透過企業的漏洞進行攻擊，這類型的危害已從企業層級上升至國家安全的層級，駭客的攻擊目標瞄準大型工業、國家基礎設施等，透過惡意軟體中斷營運，甚至有可能導致周邊居民的生命安全危險。

（二）廠商動態

1. Accenture

　　Accenture 為全球大型系統整合、顧問服務業者在近年 Accenture 積極在雲端以及資安領域投入資源，透過併購及投資，強化在系統整合領域全球性的競爭優勢。

(1) 透過併購擴展企業資訊安全服務

- **併購 Symantec 資訊安全業務**：在 2020 年 1 月，Accenture 從 Broadcom 集團中併購資安大廠 Symantec 的資訊服務，以 107 億美元的併購金額，成為資安產業歷史上規模最大的併購案。Symantec 主要提供威脅監控、分析服務、垂直領域的產業威脅情報，以及資安事件反應服務，分別在美國、英國、印度、澳洲、新加坡及日本皆設有資安營運中心的據點。Accceture 透過併購 Symantec 的資安服務，以提升其系統整合業務的資訊安全服務，透過進階的分析技術、自動化、機器學習，能夠提供各種不同產業的客戶專屬的資安服務，增加資安服務的彈性及多元。

- **併購英國資訊安全業者 Context Information**：在 2020 年 3 月，從 Babcock 集團併購英國資訊安全顧問服務業者 Context Information，該公司提供紅軍服務、弱點分析以及事件反應服務，Context 過去提供金融產業、政府部門、航空及國防、基礎建設等領域的資訊安全顧問服務，強化 Accenture 產業垂直領域的資安服務。

- **併購巴西資訊安全業者 Real Protect**：在 2021 年 1 月併購巴西資訊安全業者 Real Protect，由於巴西為全球網路犯罪的重點地區，Accenture 透過併購增加在拉丁美洲地區的資安服務發展。

- **併購法國資安業者 Openmined**：歐盟的個資保護法 GDPR 帶動歐洲資安市場的發展，在 2021 年 4 月，Accenture 併購

法國資安公司 Openminded，提高歐洲地區資訊安全的服務能量。

(2) 因應後疫情時代的需求，增加雲端服務

在 2020 年 9 月 Accenture 宣布投入 30 億美元在雲端服務「艾森豪雲端優先計畫」（Acceture Cloud Fisrt），Accenture 在 2019 年雲端服務營收約為 110 億美元，看好疫情後的企業雲端服務發展，預期未來全球的雲端市場將持續發展，積極布局加速企業在雲端的數位轉型。

由於新冠肺炎疫情（COVID-19）的影響，迫使企業採用雲端方案，加速許多企業在雲端的數位轉型，疫情期間由於零接觸或是低接觸的生活習慣，讓企業嘗試透過雲端建構新的產品、服務以及顧客體驗，Accenture 將提供更多的雲端軟體人才及服務，協助企業加速雲端數位轉型。Accenture 將資源與其合作夥伴共同發展雲端技術，強化其雲端生態系，著重在全球前 2,000 大的企業客戶進行數位轉型，提高企業的雲端採用程度。

在併購方面，Accenture 與 SAP 長期以來持續共同合作雲端的解決方案，於 2020 年併購紐西蘭 SAP 系統導入顧問 Zag，Zag 為 SAP 在雲端解決方案上的獲獎的顧問公司，透過併購以協助 Accenture 在澳洲及紐西蘭 SAP 解決方案上建構其雲端服務。

2. Capgemini

凱捷管理顧問公司（Capgemini）1967 年成立於法國巴黎，為全球性的系統整合管理顧問公司，在全球約 50 個國家皆有據點，員工人數約為 27 萬人，為全球知名的系統整合顧問公司，其在全球系統整合業務發展以及其主要競爭者包含以下：

市場	北美	法國	英國及英格蘭	歐洲其他市場	亞太及拉丁美洲/其他市場
推估市場規模	$511B	$53B	$85B	$190B	359B
主要競爭者	• Accenture • Cognizant • Deloitte • IBM • Infosys • TCS	• Accenture • Atos • CGI • IBM • Sopra Steria • Alten • AKKA	• Accenture • CGI • IBM • Infosys • TCS • Alten • AKKA	• Accenture • Deloitte • IBM • Tieto • TCS • Alten • AKKA	• Accenture • Cognizant • Deloitte • IBM • TCS

資料來源：Capgemini，資策會 MIC 經濟部 ITIS 研究團隊整理，2021 年 6 月

圖 3-1 各地區系統整合業務市場規模及主要競爭者

Capgemini 近年積極的發展人工智慧以及數據分析，系統整合及顧問的服務深化應用於各產業的數位轉型及發展中，凱捷管理顧問公司在 2021 年科技報告（TechnoVision）以彈性、快速、敏捷為主軸，近一年的動態如下：

(1) 發展 IT 系統及 OT 系統整合

在 2019 年以 36 億歐元併購法國工程及研發顧問服務公司 Altran Technologies，並將其更名為 Capgemini Engineering，此次併購有助於 Capgemini 在工業領域發展資訊專業顧問服務，目標為發展全球領先的智慧化工業（Intellignet Industry 戰略），Capgemini 的資訊科技專業結合 Altran Technologies 的工業管理系統，協助工業領域進行數位轉型。

Intelligent Industry 為凱捷管顧所提出的數位轉型戰略，貫穿企業內部從設計、研發、工程、生產、營運、供應鏈及支援系統的產業價值鏈，在製造業內實現企業內部營運資料的價值，著重在以下三方智慧化發展：

● **產品智慧化**：透過數據輔助產品設計，分析如何生產、測試、服務以及支援。

- **工廠智慧化**：透過自動化、物聯網、預測性維護、機器人、虛擬實境、數位雙生（Digital Twin）、遠端監控等科技應用模擬產線。

- **資源配置智慧化**：協助企業最佳化其供應鏈、物流、庫存，以提升整體顧客滿意度。

讓製造過程由操作人員傳達給機器生產產品，再將產品銷售給顧客的單向資料傳輸模式，轉變為雙向的傳輸模式，讓顧客的需求直接傳遞給公司、製造生產系統（自動化生產及物聯網）以及原物料管理（供應鏈數位化）、物流（自動駕駛、智慧化倉儲），而達成以上的核心能力為企業資料驅動的能力。

(2) 人工智慧與資料分析

Capgemini 在 2020 年 2 月併購北歐的商業智慧以及資料科學公司 Advectas，強化 Capgemini 在全球資料分析領域的技術支援，協助其人工智慧技術發展，而凱捷在人工智慧的應用上推出各種具有領域特性的人工智慧服務，包含以下領域：

- **顧客產品及零售**：根據企業所期望達到的成果，透過人工智慧協助進行營運決策，並確保組織在資料的運用上符合資安、法遵的要求，並達到高度的資料可用性。

- **金融服務**：提供資料管理、雲端資料、商業智慧、視覺化機器學習等金融服務。

- **沉浸式顧客體驗**：透過人工智慧增加顧客與品牌之間的互動模式，分析顧客體驗的感受。讓企業能夠更好地預測顧客實際需求，以提供差異化的顧客體驗；透過人工智慧改善營運效率並提供更加創新的產品與服務，提升銷售成長及顧客忠誠度。

- **製造業**：包含預測性維護、透過深度學習以及電腦視覺進行品質檢驗、工作安全、資產價值管理、供應鏈表現監控、降

低能源耗損、適應排程（Adaptive Scheduling）、數位控制中心（Digital Control Tower）。

- **政府部門**：透過人工智慧提升公民體驗，包含自動化文件審查管理、提升公務員與市民溝通體驗、犯罪及詐欺偵測、協助決策過程。

(3) 雲端系統及本地系統整合

隨著企業數位轉型的投入，企業內部的資訊架構日趨複雜，不論是雲端的系統或是本地的系統，在資料串聯上仰賴系統整合業者協助，Capgemini 積極地投入在各種應用程式的串接，透過 API 實現跨系統間的資料串接。

Capgemini 在 2020 年 3 月併購 MuleSoft 雲端服務顧問公司 WhiteSky Labs，WhiteSky Labs 為提供雲端及本地整合平台 MuleSoft 的專業顧問服務系統，凱捷管理顧問為滿足顧客對於雲端及端點資料整合的需求，取得 WhiteSky 的顧問專業及經驗提供 MuleSoft 需求的顧問服務，協助企業加快數位轉型，讓企業的資料能夠跨越雲端應用程式、各裝置端點以及各系統。

（三）未來展望

受 COVID-19 疫情影響，短期內企業整體減少資訊投資，限縮全球系統整合市場，但由於遠距辦公、雲端、資訊安全的需求增加，讓部分系統建置與設計業者受益，全球系統整合市場未來也將因數位轉型、5G、人工智慧等議題及應用發酵，引發企業投資轉型需求。

不少企業在此次疫情期間展開數位轉型的旅程，為達到企業長期營運的效益，系統整合業不僅專注在科技的實施上，也從垂直領域著手，如從具有產業特性的服務面切入，協助企業利用新科技在各個管理面上提升，在後疫情時期的新常態模式中掌握企業數位轉型的商機。

二、資訊委外

(一) 市場趨勢

資訊委外指的是企業將資訊軟硬體的開發、維護與企業流程等業務，以一年以上的長期契約，委託資訊委外服務商代為處理，外包服務包含效益服務、軟體服務、雲端服務，專業的外包服務以及合適的契約模式讓企業更能夠專注於營運發展，達到資訊委外廠商以及委託方雙贏的關係。

傳統資訊委外包含服務商提供企業資訊軟、硬體的修改、程式開發、維護等服務的資訊管理委外（IT Outsourcing, ITO），及企業功能流程軟硬體與人力服務提供的企業流程管理委外（Business Process Outsourcing, BPO），亦有資訊委外廠商提供企業程式開發代工服務以及系統維護支援服務。

資訊委外為企業在進行資訊投資上相對彈性的方式，企業通常以第三方契約化的方式進行，透過委外的方式，企業能夠有效地降低內部資訊人員的負擔，對企業而言，將部分資訊及流程委外能夠降低企業經營的成本。

常見的資訊委外服務包含以下：

- 網頁及行動應用程式開發
- 軟體應用程式維護
- 資料中心委外
- 資通訊基礎架構委外
- 客戶服務委外
- 人力資源管理流程委外
- 資訊安全委外

第三章 資訊軟體暨服務市場個論

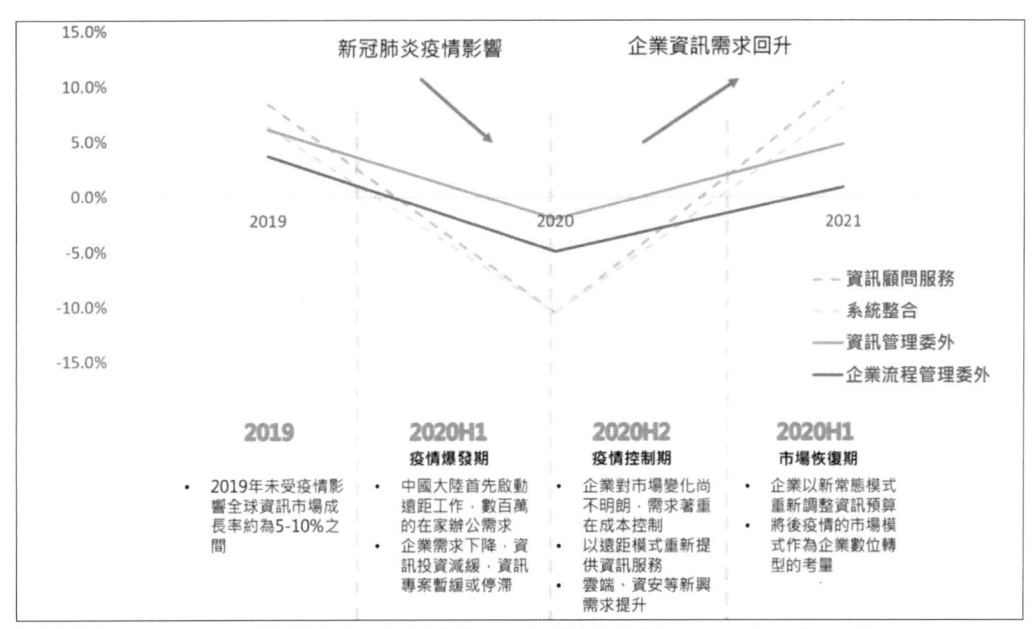

```
[圖表內容]
縱軸：15.0% 至 -15.0%
標示：新冠肺炎疫情影響、企業資訊需求回升
橫軸：2019、2020、2021
圖例：資訊顧問服務、系統整合、資訊管理委外、企業流程管理委外

2019
• 2019年未受疫情影響全球資訊市場成長率約為5-10%之間

2020H1 疫情爆發期
• 中國大陸首先啟動遠距工作，數百萬的在家辦公需求
• 企業需求下降，資訊投資減緩，資訊專案暫緩或停滯

2020H2 疫情控制期
• 企業對市場變化尚不明朗，需求著重在成本控制
• 以遠距模式重新提供資訊服務
• 雲端、資安等新興需求提升

2020H1 市場恢復期
• 企業以新常態模式重新調整資訊預算
• 將後疫情的市場模式作為企業數位轉型的考量
```

資料來源：Gartner，資策會 MIC 經濟部 ITIS 研究團隊整理，2021 年 6 月

圖 3-2 全球資訊管理委外與企業管理委外市場成長率變化

　　新冠肺炎疫情造成全球的經濟停滯，部分企業受到疫情的影響被迫加速其數位轉型的步調，許多企業進而採用過去未曾嘗試過的資訊科技與服務，在疫情期間企業在面臨營運挑戰的同時，也普遍期望資訊委外廠商能提供更長時間的支付條件、價格折讓，以及額外的服務，以降低其資訊投資的風險。

　　在疫情期間企業為增加遠距工作及在線上滿足顧客的訂單，以減少人跟人接觸的機會，增加雲端、軟體即服務的投入，疫情前期雖然有不少的企業停止或是減少資訊委外的投入，但在數個月過後，已有企業開始恢復委外資訊服務，甚至有企業增加委外的規模。其中資訊委外的驅動因素主要包含以下：

- **降低資訊成本**：在疫情期間企業嘗試透過資訊服務輔助或是取代部分人力的成本，但受限於資訊支出的預算限制，嘗試將資訊服務委由外部的資訊委外公司提供，甚至是將既有較為昂貴的資訊顧問服務轉由收費較為低廉的資訊委外公司提供。

- **資訊專業人才難以取得**：企業將資訊委外做為彌補企業內部人才的不足的方案之一，由於疫情的影響，導致人才招募上面臨更大的挑戰，尤其是在封城及入關禁令的限制下，對於專業的資訊人才以及海外的高階人才招募皆受到影響，讓更多的企業尋求資訊委外公司提供其專業服務以補足其人才缺口。

根據資訊顧問公司調查，在疫情期間各財務長（CFO）對於企業長期投資，約有5成的業者選擇停滯部分長期投資，而對於降低成本的控管上，約有5成的業者選擇延遲資本支出投資，2成5選擇終止現行的顧問合約。

1. 資訊管理委外（ITO）

傳統的資訊管理委外服務，包括：基礎建設委外（Infrastructure Outsourcing, IO）、應用軟體委外（Application Outsourcing, AO）等，資訊管理委外目的主要來自於企業希望減少軟硬體管理的人力成本以及機房建置、維護、電力等實體成本，而由委外服務廠商代為管理，企業也期望資訊管理委外成為策略夥伴的關係，透過新興的科技與技術提供客戶為中心的資訊服務，建立更強的信任關係，逐漸將價格導向的合作關係轉變為價值導向。全球資訊委外市場，在疫情期間，由於企業受到未來市場的不確定性因素影響，調整資訊投資的支出，以價格作為重要考量，甚至期望資訊委外業者能夠提出更優惠的價格，對於資訊管理委外市場主要趨勢包含以下：

- **人工智慧及自動化流程**：根據Statista統計指出，2021年全球約有21.4億人採用線上購物，增加零售業者對於線上活動的投資，包含虛擬助理、聊天機器人等，協助客戶支援相關的資訊委外投資。

- **資訊安全**：部分企業現今已採用居家辦公的方式避免群聚，但缺乏資訊安全的專業，成為駭客覬覦的對象，不少企業預計未來增加資訊安全的投資，此外，政府相關機構也開始重視資安的議題，政府的資安投入將成為資訊管理委外市場發展的動能。

- **遠距模式**：而企業遠距辦公的經營模式，對於企業資訊基礎建設架構與重新設計、以及遠距辦公相關軟、硬體資訊委外的需求增加，為資訊委外業者在疫情期間的重要發展機會，根據Avasant統計報告指出，中型的企業為資訊委外市場的主要來源，透過資訊管理委外的方式降低管理的負擔。

2. 企業流程委外（BPO）

企業流程委外服務提供企業特定流程的軟、硬體、人力的委外服務支援，如：信用卡的辦理、採購服務流程、客戶服務中心等。在過去企業流程委外幾乎是客服中心的代名詞，企業將某個業務流程環節分離出來，交給服務外包公司運作，儘管企業流程委外牽涉到產業知識以及適度的人力介入，在雲端服務興起、流程自動化及人工智慧的發展後，企業希望流程委外廠商能夠提供進一步的流程自動化作業，以加快業務並節省人力。

對企業流程委外市場而言，受限於整體交易量降低，在新冠肺炎疫情的影響，導致更多顧客期望能夠採用網路購物的模式，提升企業在企業流程委外的需求，為了提供更好的顧客體驗，委由專業的委外公司提供服務，近年來愈來愈多的企業透過人工智慧以及物聯網裝置提供個人化的顧客服務，如透過聊天機器人提供顧客購物的顧問及建議，在疫情期間以下領域的企業流程委外需求提升。

- **企業傾向聚焦於核心業務**：在疫情期間，企業偏好以小型的團隊的方式進行，在運作上更為敏捷與彈性，因此對於部分非核心的企業流程，以委外的方式提供。

- **企業流程重新設計**：疫情期間讓企業開始重新設計新的業務流程，以符合遠端的工作模式，如境內或境外的客服中心等流程委外，能夠確保遠端的環境中維持營運不中斷。

- **金融流程**：由於疫情的影響，金融業對於支付、借貸等流程委外的需求提升。

- **健康醫療虛擬助理**：關於健康遠端諮詢、預約等虛擬助理需求提升。

- **公部門**：由於疫情相關的人力需求增加，對於部分公部門的業務流程委外需求增加。
- **詐欺偵測**：利用疫情期間的恐慌，讓金融詐欺的比例提升，對於詐欺偵測委外的需求增加。

3. 程式開發代工

程式開發代工主要協助企業開發、測試、部署、品質保證應用程式的開發與生命週期管理。企業委託程式開發代工的主要考量還是以人力短缺為主，仍須仰賴程式開發代工服務協助程式開發。

由於 DevOps 開發營運偕同的思維，影響程式開發業者，提供給企業快速開發以及後續維運服務整體的生命週期管理，不僅協助企業開發，也協助企業應用軟體服務營運。

4. 軟硬體維護

軟硬體維護的服務主要是企業與服務商簽訂長期契約，以協助企業軟硬體的管理、升級或維護等作業。隨著雲端服務的發展或虛擬化技術的採用，企業將逐步減少軟硬體的購買，對於軟硬體維護的需求將較少。然而，物聯網的發展，企業將更重視聯網資產的維護，將會帶動物聯網軟硬體維護服務的成長。

在資訊委外的產業中，包含以下趨勢：

- **人工智慧與機器學習**：自動化為資訊委外的重要趨勢，透過人工智慧機器學習能夠增加自動化程度，以自動化增加執行速度，如增加客戶服務的品質，利用聊天機器人提供顧客購買需求的建議，又或是透過流程自動化（Robotic Process Automation, RPA）改善 ERP、物流等系統。

- **資訊安全委外**：當資訊科技不斷的發展，企業需要更先進的資安威脅知識以及技術防護其資訊網路，不僅是個人電腦，甚至是個人裝置如行動裝置，皆與企業內部網路串聯，然後多數的個人裝置皆需要更多的弱點評估以及監控，相對應的資安防護機制較為複雜，也衍伸出資訊安全委外的需求，資

訊安全委外公司投入人工智慧以及自動化掃描,能夠提供企業更快且更精準的安全防護。

(二) 廠商動態

全球大型委外服務廠商主要為 IBM、HPE、Fujitsu、Atos、CSC、TCS 等,資訊委外廠商更加強調自動化、雲端化的產品與服務,資訊委外廠商不僅提供專業的委外服務,也投入資源在自有產品平台發展。

資訊委外大廠塔塔諮詢顧問服務公司(Tata Consultancy Services, TCS)為印度孟買著名的企業,也是全球最大的軟體程式代工商,在資訊委外服務中,強調產業垂直領域的專業委外服務,並透過雲端、人工智慧、區塊鏈、資訊安全等技術,發展具產業特色的資訊委外服務。

在 2020 年 11 月,塔塔諮詢顧問公司併購德國德意志銀行(Deutche Bank)的資訊部門 Postbank System,深化其在金融科技及資訊服務領域的專業能力,除了併購外,其產品發展的方向主要包含以下:

1. 工作流程敏捷化

新冠肺炎疫情對於全球貿易造成衝擊,TCS 發布敏捷企業 2020(Enterprise Agile 2020),對於企業的發展模式以及工作流程創新改造,產品設計、發展的流程從過去的集合式工作轉變成敏捷式的流程,TCS 成立專門的敏捷式開發顧問團隊協助顧客發展。TCS 提出以目標為導向的運作模式取代傳統以產品導向的模式,針對企業文化、流程、以及科技三個面向共同改變。

- 機器優先流程(Machine-first Processes):專注在價值提升上,透過快速且持續性的回饋、互動式變化,以及跨部門合作,創造新的連續性創新模式。

- 開發維運自動化(DevOps Automation):透過科技工具協助企業縮短上市時間,並提升產品品質,重新設計企業數位架

構，實現雲端優先、雲端為主（Cloud-first／Cloud-Only）的目標。

- 合作式敏捷－開發維運網路（Collaborative Agile-DevOps Networks）：著重在一鍵式、無衝突、端到端的自動化傳遞流程。

2. 新型態 ERP－雲端

雲端技術提供企業快速化、智慧化，以及輕量化的資訊架構，在過去幾年，企業在特定領域採用雲端，如：即時的顧客分群或是加快上市流程等。然而，雲端已在企業在創新生態系扮演重要的角色，透過雲端建立新的商業模式，以快速地達到企業價值的傳遞，在新冠肺炎疫情肆虐的環境下，也彰顯雲端的彈性化特色，加快企業轉型雲端的進程，其中 TCS 認為在發展雲端的科技與技術面臨以下轉變：

- 科技價值鏈雲端化，許多新興的科技，如區塊鏈等，皆能夠在雲端實現。
- 從資產擁有到資產使用的思維轉變，現今的商業模式轉變為使用者付費的模式，加速商業模式的創新。
- 雲端原生的生態系，雲端加速企業實現其商業價值。
- 雲端能夠實現「敏捷式企業」以及「機器優先」的商業及科技技術。

近年來隨著許多 ERP 大廠開始提供雲端 ERP 服務，讓企業逐漸轉向 ERP 雲端化發展，對於資訊委外業者而言，著重在解決過去本機端 ERP 資料轉換以及雲端 ERP 系統功能客製化等服務，由於雲端 ERP 大多強調快速導入、簡易操作的系統方案，因此對於資訊委外業者而言，也開始轉而建立自有的雲端 ERP 方案，或是透過客製化的服務協助企業在既有的雲端 ERP 上建立具有產業特色的版本，有助於企業解決產業特殊需求。

TCS 在雲端 ERP 的解決方案上，系統的彈性以及敏捷性，讓企業能夠快速地存取各種智慧科技，有效降低營運成本以及提升營運效率，TCS 採用 SAP 的雲端 ERP 平台，推出環境即服務（Environment-as-a-Service, EaaS）。

資料來源：Tata Consultancy Services，資策會 MIC 經濟部 ITIS 研究團隊整理，2021 年 9 月

圖 3-3 TCS 雲端 ERP 環境即服務架構

在 TCS 提供給企業 SAP 的環境建置、雲端基礎建設、系統代管服務，在導入雲端 ERP 系統時有效地降低成本，並提供沙箱測試、部署、PoC 概念測試、員工教育訓練、災難還原等服務。

未來企業在雲端數位轉型上，將朝向以下趨勢發展：

- 規模化與彈性：雲端的彈性能夠讓企業系統更具有彈性，確保企業能夠隨著市場的變化快速的擴張或是限縮其科技能力，目前的資訊基礎建設走向雲端化，未來也能更加快速的提升企業資訊能力以達到營運目標。

- 敏捷化與創新：雲端化的環境有助於企業提升敏捷性以及創新能力，對於企業創新的營運模式，雲端化所提供的敏捷性有助於企業做出更具挑戰的營運模式，如結合第三方夥伴掌握客戶樣貌等營運價值提升模式，然而在此次新冠肺炎疫情中，雲端化的優勢則更顯而易見，企業能夠提供遠端工作、或是與供應鏈遠端協作，以及建構新的客戶關係通道，這些都能夠透過雲端化達成。

- 營運價值快速成長：企業 ERP 雲端化將各種資料從物聯網裝置、系統蒐集，作為企業在發展機器學習人工智慧的重要資源，讓企業的營運價值快速的成長。

TCS 透過雲端 ERP 協助企業進行數位轉型，協助各種規模的企業達成營運目標，TCS 採用雲端 ERP 能帶給企業以下優勢：

- 豐富的產業經驗：透過豐富的產業經驗以及全球化標準的流程制定，提高生產力及流程效率，並結合各種現代化的操作介面，改善客戶的操作體驗。

- 具備先進技術：包含自動化科技、物聯網、機器學習以及各種創新科技，供給客戶更加個人化的體驗。

- 敏捷性與彈性：透過敏捷的雲端系統讓企業能夠因應實際的需求快速調整。

- 不限場域及時間：雲端應用程式的存取能夠透過各種不同類型的裝置，讓企業在全球各處皆能夠存取雲端系統，確保營運的不中斷以及緊急狀況應變。

- 隨時聯網：透過聯網串聯設備資產、員工、供應鏈、顧客，以利於更即時的決策，有效改善前置期間的資源浪費。

雲端的 ERP 為 TCP 近年來積極發展的產品與服務，更與 TCP 在後疫情時代所強調的企業敏捷性與彈性能力環環相扣，透過企業雲端化的數位轉型，掌握雲端化的優勢，讓企業具備面臨未來各種挑戰的資訊能力。

3. 人工智慧及自動化

　　在人工智慧及自動化方面，TCS 提出機器優先（Machine First）的概念，過去企業的流程存在太多繁瑣的人工作業，造成耗時以及缺乏資料驅動的決策，透過 TCS 在人工智慧及自動化的協助，協助企業達到人機協作的模式，完成複雜的營運挑戰。

- 商業人工智慧：企業在各種領域及服務模式中，透過人工智慧達到營運價值鏈轉型。

- 營運人工智慧：在營運的資訊基礎架構中增加人工智慧轉型能力。

- 智慧化流程：透過機器流程自動化（Robotic Process Automation）驅動營運流程以及決策模式的數位轉型。

- 人工智慧應用程式：擴大人工智慧以及機器學習演算法改變 DevOps 流程的轉型。

4. 異地辦公空間安全

　　異地辦公因為疫情的影響，成為相當普遍的工作模式，TCS 認為異地辦公並非短期因疫情所產生的需求，未來將會成為企業普遍的新工作模式，遠端工作讓企業能夠因應各種的營運問題迅速調整，並且加速企業數位轉型提升營運效率。

- 針對 Microsoft Teams 快速部署與管理，協助團隊採用、管理、量測系統使用效率。

- 客製化 Microsoft 365 建立團隊協作的工具，整合至 ServiceNow 或是其他專案管理的應用程式中，以達到工作敏捷化。

- 整合至營運應用程式中，使用 Microsoft Power Platform 建構快速的自動化報表。

5. 資訊安全服務

從雲端運算、社群媒體、移動裝置等數位工具，能夠有效的提升企業營運效率，但也讓企業暴露在更高的資訊安全風險中，塔塔諮詢顧問提供資訊安全顧問服務，主要包含以下：

- 身分識別與存取：包含身分識別管理成熟度評估以及身分識別管理架構及產品顧問服務。
- 企業弱點管理：提供滲透測試以及紅軍攻擊，涵蓋應用程式、網路、移動裝置。
- 數位驗證與詐欺管理：詐欺風險評估、網路安全事件回應架構以及數位驗證成熟度評估。
- 法遵管理：供應鏈風險評估、隱私管理評估、風險及法遵成熟度評估。
- 安全策略顧問服務：網路安全策略架構以及規劃、威脅模型及防護計畫、資安警覺及反應中心成熟度評估、雲端安全管理測策略。

（三）未來展望

在疫情後，企業應該重新思考數位轉型的策略發展，在後疫情的時期，該如何控管其現金流、預算及成本，以達到數位轉型的價值，讓員工嘗試遠距工作，但如何保持遠端工作的生產力、敏捷性以及安全性為未來企業在資訊委外的發展重點。雲端的服務已經取代與改變傳統的資訊委外方式，資訊委外服務商必須積極地擁抱雲端服務，並將雲端服務視為其整體委外服務作業的一種方式。

展望未來，資訊委外的模式越來越多元，提供的服務也愈加複雜，對企業而言，資訊委外不僅是降低軟硬體與人力成本的方案，而是能夠協助企業進一步利用雲端服務、人工智慧、敏捷化流程等新興科技改善顧客體驗，進而發現新的商機。

三、雲端服務

（一）市場趨勢

國際研究機構 Mordor Intelligence 預測，混合雲市場規模預計將從 2020 年 521.6 億美元成長到 2026 年 1,450 億美元，複合年成長率 18.73%，全球混合雲市場呈現穩定成長。混合雲在成長動能上，兼具使用彈性與資料隱私性的保障，導入成本亦介於公有雲與私有雲之間，企業採用混合雲已成為業務流程的核心部分，企業將工作負載從地端遷移至公有雲上，可在混合雲的環境中提高整體生產效率。

就企業混合雲滲透率而言，根據 Flexera 研究機構調查顯示，全球目前已有 87%企業採用混合雲部署模式，已採用混合雲的代表企業為飛利浦、阿拉伯第一銀行、西門子醫療與可口可樂等，顯示電器產業、金融業、醫療業、民生消費產業皆有採用混合雲部署模式之趨勢。另根據 Gartner 研究機構預估 2021 年將有 90%的企業基於 IT 需求部署混合雲。綜上所述，混合雲兼具了公有雲的彈性與私有雲的資料隱私性，可被視為連結公有雲與私有雲之間有效的解決方案，將是企業未來優先採用的雲端部署模式。

（二）大廠動態

最早於 2006 年 Amazon 首度推出 AWS 的雲端服務，開啟 AWS 的公有雲事業。2011 年被 Gartner 評為 IaaS 魔力象限的領導者，其公有雲事業成功的關鍵在於以客戶為中心所打造的完整產品線，維持市場爭力。

AWS 除了公有雲事業的經營，隨著混合雲市場需求的興起，2017 年與私有雲領導廠商 VMware 合作推出混合雲解決方案，AWS 透過合作策略跨足私有雲領域，彌補在私有雲的技術累積並拓展客群，期望私有雲客戶部分向 AWS 公有雲遷移，持續擴大公有雲市占率。

2019 年推出混合雲代表產品之軟硬體整合的 AWS Outposts，以整櫃式主機的硬體設備支援，將 AWS 的服務直連至企業地端環境，以整合型產品一次滿足客戶在軟硬體的需求，實現在地端運行的基礎架構。

2020年AWS與超融合領先業者Nutanix合作，讓客戶串接混合雲至公有雲資源時，結合網路、儲存、運算皆虛擬化的超融合技術，協助企業將資源配置達到最大效用。Nutanix超融合技術簡化了混合雲環境的管理複雜性，基於與AWS的內建網路整合，讓資源可在公有雲和私有雲之間無縫轉移，無需重新配置應用程式。

AWS Outposts混合雲代表產品的定位為一體機產品策略，依據AWS客戶使用習慣，推出軟硬體需求一次購足的整合型產品。AWS在公有雲時期的服務模式即為客戶有需求時，便能立即使用雲端服務，再依據用量進行付費，因此混合雲的產品策略為發展軟硬體整合產品，當客戶有混合雲導入需求時，能立即下訂並享受AWS的服務，不需要自行安裝軟體至企業地端設備。

AWS Outposts提供到府安裝與後續的全託管服務，從下訂、安裝、監控、修補到更新，全部由AWS負責管理，可減少企業管理IT基礎設施的時間成本。其目標客群為IT架構相對簡單的中小企業與新創公司，共推出1U、2U以及42U三種不同規格的Outposts，1U型號大小僅42U Outposts的四十分之一大，企業可在空間、電力或網路受限制的地方，依需求選用1U或2U型號，在空間有限的地端環境進行最大效用的配置。

此項產品具多功能整合特色，提供AWS EC2運算功能、S3儲存功能、RDS資料庫與EMR分析服務等，讓客戶在企業地端環境與公有雲環境體驗一致性的服務。2021年預計推出Amazon EKS Anywhere服務，於企業內部部署環境或於Outposts上建立與操作Kubernetes叢集，使用一致性的工具可加速企業將工作負載遷移至雲端的過程。

Microsoft最早在2010年推出Azure服務，Microsoft發展公有雲的腳步比AWS稍晚，但2014年由CEO納德拉（Satya Nadella）上任後開始全力推動雲端事業，雖然Microsoft Windows產品與雲端事業兩者建立在企業內部IT架構的業務性質相異，但納德拉以混合雲模式解決不同事業體的銜接，善用Windows伺服器的優勢帶動雲端事業的成長。

2017 年時，Microsoft 正式對外推出 Azure Stack 混合雲解決方案，以純軟體產品策略發展混合雲，主打混合雲的差異化策略。AWS 在公有雲事業的市占率維持第一，但其混合雲的目標客群為 IT 架構相對簡單的中小企業或新創公司，而 Microsoft 則專注為歷史悠久的大型企業或政府機構提供混合雲服務，展開與 AWS 的差異化競爭。

2019 年 AWS 推出 Outposts 軟硬整合產品後，Microsoft 選擇推出混合雲的管理工具，發表 Azure Arc 高整合度管理平台，企圖以純軟體的產品策略提供完整的混合雲管理服務，拉近與 AWS 在公有雲事業上的差距。

為了推出與 AWS 相互抗衡的混合雲產品，Microsoft 發表混合雲管理工具 Azure Arc，協助企業解決缺乏高整合度管理平台的使用痛點。Azure Arc 為視覺化管理介面，於單一介面上可以同時管理企業內部部署與雲端環境的資源使用以及顯示需更新的應用程式項目與數量。

Azure Arc 為純軟體產品策略，依據 Microsoft 客戶的使用習慣為購買套裝軟體後自行安裝與操作，因此 Microsoft 的混合雲產品發展策略不像 AWS 推出整櫃式主機的軟硬整合產品，而是透過 Azure Stack 純軟體串接公有雲與私有雲後，建置混合雲部署模式，再利用 Azure Arc 平台進行資源管控。

Azure Arc 高整合度管理平台目前已部分支援自動部署、自動延展功能，當系統偵測到異常流量變化時，能全自動進行部署的增減。除了全自動管理功能，於管理平台上可進行地端環境、跨雲環境與邊緣運算的控管，Azure Arc 提供 Microsoft、AWS 與 Google 三大公有雲資源的監控功能，以及透過邊緣運算延伸管理功能至企業內部的機器設備，提供完善的混合雲服務。

IBM 早期生產計算機設備與企業大型主機，2008 年開始投入雲端事業的發展並經營私有雲領域。2012 年由 CEO 羅睿蘭（Ginni Rometty）上任後，重視雲端市場未來的成長性，陸續併購多間大數據、商業分析與雲端公司，壯大 IBM 的雲端事業。

全球公有雲呈現寡占市場，於公有雲市場競爭上，IBM 難以提升市占率，因此開始轉向發展混合雲，主打與其他公有雲大廠不同的混合雲策略：公有雲主要業者企圖將傳統企業的 IT 業務逐漸向公有雲遷移，混合雲只是一個過渡的橋樑；IBM 則基於獨特的市場利基點，為長期深耕的私有雲客戶搭建開放式混合雲架構，讓客戶可以自由選擇與隨時替換串接的公有雲廠商，不受單一廠商限制。

為了展現發展混合雲事業的決心，2019 年 IBM 以 344 億美元併購開源軟體公司紅帽，為 IBM 史上金額最高的併購案。2020 年 IBM 開啟業務分拆時代，將傳統 IT 基礎設備部門獨立為 NewCo 公司，IBM 則專注經營混合雲與 AI 事業的發展。

2021 年新任執行長克里希納（Arvind Krishna）上任後全力經營混合雲事業，預計將完成併購芬蘭雲端運算公司 Nordcloud，作為混合雲事業的增長戰略，並基於混合雲發展的獨特市場利基上，以避免與公有雲大廠直接競爭的方式，企圖成為混合雲市場的領先者。

IBM 解決了系統嫁接缺乏通用架構的痛點，讓客戶能夠自由選擇欲嫁接的公有雲資源，運用紅帽 OpenShift 技術，透過微服務與容器化工具，拆解單一應用程式進行標準化封裝，實現客戶跨雲部署的需求，甚至提供資料庫分析之加值服務，協助客戶更加了解混合雲的使用情形。

開放式混合雲架構的基礎層面包含了企業地端 IT 架構、私有雲、公有雲及邊緣運算，透過技術層面的微服務與容器化工具切割程式進行隨處部署、超融合規格將運算、儲存、網路皆虛擬化以及無伺服器降低程式運算的複雜性，將開放式混合雲應用至雲原生架構，仰賴技術層面作為混合雲環境的通用作業模型。於混合雲環境的程式研發與後續維運則運用研發層面的 Devops 工具與 AIOps 管理平台進行自動化管理，提升軟體開發維運效率。

IBM 整合 OpenShift 至產品線中，協助企業打造從實體機到虛擬化、私有雲到公有雲、網路到邊緣終端，建置橫跨所有 IT 環境的通用架構。其目標客群為大型銀行、醫療機構等長期深耕的私有雲客戶，在開放式混合雲架構下，平衡資料隱私性與上雲需求。IBM 的

開放式混合雲架構策略為建立結合客戶、供應商與合作夥伴的生態體系，避免單一廠商獨大，透過共創加速混合雲技術的創新。

（三）未來展望

AWS、Microsoft、IBM 在混合雲的發展策略上各不相同，以下將比較各間廠商的混合雲產品與發展策略。依解決方案分為策略方向與痛點解決，在策略方向上 AWS 透過合作布局私有雲領域的客戶、Microsoft 善用 Office 系統優勢以大型企業與政府機構為目標客戶、IBM 發展獨特的市場利基點，讓客戶自由選擇公有雲資源建置混合雲環境；在痛點解決上，AWS 推出整櫃式主機的 Outposts，解決軟硬體相容問題、Microsoft 推出 Azure Arc 高整合度管理平台，解決無法有效同時監控地端與公有雲環境資源的痛點、IBM 則是以開放式混合雲架構解決客戶受到單一廠商限制的痛點。

依功能特色分為全自動管理與跨雲部署，AWS 目前僅公有雲較支援全自動管理（Auto Scaling），跨雲部署則將於 2021 年推出相關服務；Microsoft Azure Arc 具全自動管理功能，於平台支援跨雲環境的管理；IBM 的開放式架構則部分支援全自動管理，另具跨雲部署功能，讓使用者可於不同環境執行編寫完成的應用程式。

依客戶需求分為顧問服務與雲代管需求，AWS 的客戶在顧問與雲代管需求最低，因 Outposts 提供全託管服務與一致性的使用體驗，減少客戶在管理 IT 設備的時間成本與操作上的顧問服務需求；Microsoft 管理平台功能多元，客戶使用時較需顧問團隊提供操作建議；IBM 開放式架構基於開放原始碼，基礎架構與工具複雜，客戶於使用上的顧問需求與雲代管需求較高。

第四章 | 臺灣資訊軟體暨服務市場個論

一、系統整合

(一) 市場趨勢

臺灣系統整合業者以系統建置服務為主，輔以系統設計業務以及顧問諮詢服務，對於大多數企業需求方而言，為求整合、便利與一致性，將系統設計與建置、顧問諮詢合而為一。

由於系統整合業務高度重視服務，對於行業別的知識高度要求，因此長期以來臺灣的系統整合業者以內銷市場為主，以領域別區分，以金融、製造、流通等領域需求為大宗。

早期臺灣資訊服務業者主要透過代理國外伺服器、網路設備、系統套裝軟體、應用套裝軟體等軟硬體，協助本地企業客戶進行安裝與導入，逐步進入本地企業系統應用市場。

在2020年新冠肺炎疫情爆發後，許多產業更加積極擁抱數位轉型，系統整合業者除了提供數位轉型的顧問及導入服務外，更加深後端的資訊流應用，透過資訊流的掌握提升系統整合的彈性以及客製化程度。隨著企業的發展與營運策略的調整，許多標準套裝軟體的功能不足以因應企業需求，衍伸出企業客戶個別專屬的需求，資訊服務業者進一步朝向提供客製化調整方案，以滿足企業快速變化的需求，隨著行業經驗的累積，逐步建立完整的行業別應用解決方案，提高資訊導入的附加價值。綜合來看，臺灣系統整合業者有以下趨勢：

1. 人工智慧

 (1) 自然語言處理

　　自然語言處理為臺灣系統整合廠商發展人工智慧的重點項目,結合過去幾年在各產業所累積的語意分析資料庫解析語意,應用在網頁關鍵字搜尋、智慧音箱語音助理等。

 (2) 流程自動化

　　系統整合業者透過 RPA 流程自動化協助企業處理內部重複性高且耗費大量時間的工作項目,提升員工的工作效率,針對各產業提供不同的流程自動化服務:

- 金融保險業:發卡業務、外來文查調、基礎帳務處理。
- 製造業、倉管物流業:訂單流程、銷貨流程、帳務流程。
- 客服中心:新進人員教育訓練、銷售訓練。

2. 資訊安全

　　因為政治環境與產業特性,臺灣成為資安攻防的熱區,資安即國安的政府政策方向也讓資訊安全為臺灣產業發展的關鍵領域,隨著資訊安全威脅的演進,企業在因應方案上也陸續布建多種資訊安全的軟硬體。但當前的資訊安全以從單一型態的攻擊模式轉變為持續性、複合式的攻擊模式,企業所面對的攻擊已迥異於過往,且隨著企業數位轉型程度提升,容易遭受攻擊的弱點也隨之增加,企業資安防護方式也需要與時俱進。

　　因此當前的企業資安防護觀念也從單點的防護轉向整合式的防護,驅動企業端尋求整合規劃的服務,系統整合業者將因應此趨勢受益。

(1) 工業控制系統安全

在工業 4.0 的概念下,將製造業推向數位化以及智慧化,大幅優化傳統的製造模式,帶領製造業從人力導向的生產程序轉向高度自動化、全自動化的運作模式,走向智慧製造發展。

製造業在邁向智慧製造的同時,內部各種物聯網裝置、生產控制設備及系統相繼連結至企業內的資訊環境,導致企業的資訊環境走向複雜化,IT(Information Technology)系統以及 OT(Operational Technology)系統逐漸整合交疊,不同環境連結讓企業資訊防護出現漏洞,帶來系統運作的風險,針對工業控制系統(Industrial Control System, ICS)的資訊安全防護重要性逐漸提升,驅動企業內部軟硬體與安全防護重新評估及調整的需求,包括企業資安風險診斷、架構設計及系統重整等相關系統安全規劃需求。

(2) 遠距辦公安全

由於疫情的影響,許多企業採用在家辦公或是 A、B 班分流的方式避免辦公室內群聚感染,進而衍伸出遠距辦公的安全需求,員工在自家的工作環境中連結企業內部網路,讓傳統的內、外網隔離防護方式難以管控,系統整合業者提供核心應用程式以及資料、資源的管理權限設定,並且協助企業制定 BYOD 的資安政策,必免因為居家辦公而導致企業內部網路遭受惡意攻擊。

3. 雲端數位轉型

由於新冠肺炎疫情的影響,臺灣業者對於雲端數位轉型需求提升,在金融產業、製造業、餐飲零售業以及政府相關部門皆存在雲端數位化的需求。雲端架構方面,臺灣的中小型企業因為資料安全的疑慮,在雲端部署上傾向混合雲的架構,在舊有的本地系統轉向彈性的私有雲及部分系統採用公有雲的架構,在不同環境之間的系統連結以及頻繁的資料流動,將增加系統整合業者在混合雲之下的整合規劃需求。

(1) 雲端 ERP

傳統的 ERP 系統在企業內部的硬體或是伺服器上安裝，由企業的資訊人員進行系統軟、硬體的更新及維護，企業需要購買額外的伺服器、防毒軟體、備份工具並且耗費資訊人力在系統維護上，耗費企業人力資源以及更高的系統建置成本，讓企業轉而採用雲端 ERP 的系統。因此不少的企業開始期望導入雲端的 ERP 系統，該系統透過軟體即服務（Software-as-a-Service），能夠免去系統管理以及維運的負擔，軟體也能夠自動跌代更新，在部署的時間以及前期硬體投資成本上具有效率。

由於低前期投資成本以及導入快速的特性，雲端 ERP 相當適合中型的企業或是新創立的企業，免去系統買斷或是硬體建置的大筆投資，也不需要大量的資訊維運人員管理系統，吸引許多中型企業以及新創企業青睞。此外，對於在海外有多據點的公司而言，雲端的架構也能夠提供穩定的系統，透過雲端系統彈性的依照海外據點的實際需求快速調整，滿足海外據點的營運需求。然而企業在進行雲端 ERP 的建置或是轉換時，經常面臨以下挑戰：

- 資料儲存與管理：對於多數的臺灣企業而言，對於公司的機密資料、客戶資訊等敏感資料，皆希望能夠保留在企業內部，將導致雲端的 ERP 在運作上存在限制。

- 系統轉移成本：ERP 並非新的系統，過去企業採用傳統的 ERP 已行之有年，有大量的系統資料、使用者操作習慣以及利害關係人等因素，導致企業 ERP 雲端化存在不小的轉移成本。

- 資料轉出的疑慮：對於多數採用雲端 ERP 系統的業者而言，經常因為資料的掌控權而產生卻步，不少的業者擔心未來在更換系統時，資料儲存在公有雲端上，將會面臨系統商的限制與收費，進而降低其雲端化的意願。

- 客製化難度較高：在 ERP 功能客製化的部分，將會面臨客製程式範疇以及維護問題，隨著雲端 ERP 系統的功能升級改版，客製化程式如何變更範疇以及維護為企業在客製化過程所面臨的挑戰。

雲端 ERP 在軟體及硬體選擇上較具彈性，此外，對於多數的業者而言，EPR 系統的資訊安全經常被忽略，多數的企業未能定期的進行資料備份以及防毒軟體、防火牆更新，或是未提供足夠的資訊安全防護，然而在雲端 ERP 上能夠降低企業的資訊安全疑慮，因此雲端 ERP 的系統整合需求近年來快速成長。

4. 政府機構數位化需求

隨著臺灣 5G、物聯網及人工智慧的議題持續發酵，再加上臺灣政府積極推展智慧科技產業結合地方政府以及系統整合業者，圍繞在科技應用的智慧城鄉衍伸出各領域的應用，將帶動軟硬體整合、系統建置與導入的市場機會。

(1) 科技執法

近年來各個政府機關對於新科技的應用相當積極，透過科技輔助警察交通取締或是違規取締能有效降低治安疑慮，相關單位也期望透過科技的輔助，有效增加社區或學校安全，如透過臉部辨識技術協助警察識別可疑人士，或是透過影像辨識解決車輛違停的問題。

(2) 防疫科技應用

在疫情期間，公務機關為確保公務正常運作，透過系統整合業者提供防疫相關的科技應用與資訊科技的輔助，以協助企業降低人力負擔，並提升防疫效果。系統整合業者透過軟體、硬體的整合，建置臉部辨識、體溫感測、門禁管理系統整合，透過人工智慧訓練提升精確度，並加快操作流程。

（二）產業動態

臺灣系統整合業者主要業務以代理國外硬體產品或軟體產品後為主，根據企業客戶的個別需求，提供系統安裝、系統維護、軟體客製、異質軟體整合乃至於發展適合本地市場、各種行業的整合性解決方案。

因此，臺灣諸多資訊整合業者經常身兼國際大廠夥伴及產品服務代理商的角色，諸多國際資訊大廠在推展臺灣市場業務時，強調生態系整合，常以結盟、夥伴關係形式結合國內系統整合大廠共同開發國內市場，系統整合業者需要解決跨系統、跨架構的串接整合問題，提供給客戶完整的解決方案。

由於系統整合業務高度依賴服務，且對於行業領域的知識需要有高度的掌握，因此長期以來臺灣的系統整合業者均以內銷市場為主，在近期積極外銷的趨勢下，許多業者紛紛進軍東南亞以及日本市場，與當地的業者合作，期望將系統整合解決方案以及服務進行出口外銷。

以產業分野觀察，政府政務相關的資訊應用需求程度最高，具有高度的客製化要求，尤其近年在智慧城市、科技執法的發展之下，資訊化需求不斷提升，其次為金融領域的資訊需求，透過人工智慧及大數據提升顧客服務品質的需求不斷提升，再來是製造業、流通相關領域為資訊化需求的大宗。

1. 雲端數位轉型

企業近年來逐漸開始接受雲端服務，臺灣的系統整合業者多與國際的雲端大廠 AWS、Google、IBM 與 Microsoft 合作，提供公有雲代理銷售服務，並扮演導入顧問、系統整合與移轉的角色，大致上可以分為以下幾種衍生之系統整合服務。

(1) 公有雲接入與導入服務

公有雲主要市占率來自於為國外知名的雲大廠所提供的公有雲服務，公有雲能夠帶給企業快速導入與建置的服務，有效的降低企業導入雲端的障礙與門檻。

(2) 協助企業導入彈性的私有雲環境

私有雲的架構提供企業彈性配置其資訊系統，亦保有相當程度的資料隱密與安全性的特性，如微軟、IBM、VMware 等業者以及部分開放平台提供，具備成熟之商用虛擬化軟體予以企業自建彈性之私有雲架構。而開放原始碼亦為企業建置私有雲的選項之一，系統整合業者透過導入商用虛擬化軟體或是開放原始碼等服務，協助企業建置其私有雲架構。

(3) 協助企業界接公有雲與私有雲架構

目前主流而言，企業對於雲端採用以混合雲為主，主要原因為多數的企業資訊架構是經過十年以上的累積推砌而成，而雲端服務則是近幾年才較廣為企業接受，因此企業內部的系統與雲端應用同時存在的狀況相當習以為常。

此外，部分企業對於公有雲仍抱有安全以及隱私的疑慮，即便企業願意擁抱公有雲服務，但其核心系統與企業機密資料仍傾向保留在企業內部，其他較為周邊的系統則採用成本較低的公有雲架構完成。

因此，對於企業而言，企業的資訊環境架構也隨時間的推移與系統的導入而日趨複雜，企業選擇採用公有雲服務的同時，亦須同時面對資訊架構整合的問題。系統整合業者同時在熟悉傳統資訊架構與新興雲端架構可扮演企業整合複雜的混合架構的顧問諮詢角色，不僅提供完整的規劃設計服務，亦可進一步提供整合以及導入服務。

臺灣系統整合業者針對新冠肺炎疫情的商機，與雲端服務業者合作，為企業導入雲端服務，提供 SAP 的 ERP 系統雲端導入規

劃、人工智慧服務等，提供混合雲的規劃及整合經驗，協助企業進行數位轉型。系統整合業者在雲端布局上，著重在軟體及數據生態圈的發展，整合多個資訊服務業者資源，以提供不同產業的客戶完整的系統規劃以及一站式的雲端服務。

(4) 雲端 ERP

臺灣系統整合業者針對新冠肺炎疫情的商機，與雲端服務業者合作，為企業導入雲端 ERP 服務，提供 SAP、Oracle、Microsoft 的 ERP 系統雲端導入規劃、人工智慧服務等，提供混合雲的規劃及整合經驗，協助企業進行數位轉型。臺灣的系統整合業者多與國際級的 ERP 大廠合作，提供 ERP 系統的整合與客製服務，以下為 ERP 系統大廠在雲端 ERP 系統的產品動向：

- SAP：SAP 推出專門的雲端 ERP 產品，其原有的 ERP 系統如：S/4HANA 等也能夠部署到雲端使用。
- 微軟：保留本機的 ERP 系統，也推出微軟 365 的雲端 ERP 產品。
- Oracle：併購雲端 ERP 大廠 Netsuite 並保留其產品，也有其自建的雲端 ERP 產品 Fusion。

系統整合業者透過其垂直領域的產業經驗，協助企業進行系統的整合，並提供系統的後續維運服務，以確保企業在營運系統的安全以及穩定。

2. 資源整合增加國際競爭力

臺灣系統整合業者積極整合各領域資源，發展自行研發之軟硬整合方案，如機器人軟硬體設計等，結合政府以及當地合作夥伴的資源，積極發展外銷市場，從過去銷售個別產品轉而提供完整的解決方案，並嘗試透過國內場域的驗證以增加實績，讓國際出口銷售上更具競爭力，目前主要的解決方案包含：雲端機房代管、人工智慧應用等。

3. 人工智慧在各場域應用

　　臺灣系統整合業者積極地擁抱人工智慧，並將人工智慧應用在各垂直場域中，系統整合業者與場域的業者合作，推出具產業特性的解決方案，其中主要的產業包含：

- 零售業：智慧倉儲及智慧貨架，實現無人商店的應用，系統整合業者提供物聯網、人工智慧數據分析，並整合金流，讓零售業走向無人商店。

- 醫療業：智慧醫療著重在病床的智慧化、協助醫院進行病房數據化管理、自動化記錄病房內活動、降低醫療人員負擔，並且能夠進行數據分析，進而由系統進行主動提醒。

- 金融業：透過自然語言處理讓使用者能夠在通訊軟體上獲得各種金融服務，並透過人工智慧協助使用者快速找到所需的資料，降低客服及櫃檯人員的人力負擔。

4. 布局 5G 應用

　　2020 年為臺灣 5G 相關應用發展的元年，許多系統整合業者針對未來 5G 的各種應用提供相應的解決方案，業者整合 5G 相關生態系合作夥伴，針對 5G 相關的應用提出解決方案，為企業建置 5G 的應用。

- 5G 機器人：針對 5G 的應用，臺灣系統整合業者因應 5G 低延遲、大頻寬、大連結的特性，應用在機器人上，發展服務型機器人及工業型機器人，搭配人臉辨識、物件辨識技術以及語音辨識等人工智慧應用，輔助企業營運與生產應用。

- 智慧交通：臺灣系統整合業者為發展 5G 智慧交通，與交通運輸設備業者合作，發展交通運輸支付及清算設備系統，並透過數據分析技術以軟、應整合服務建置解決方案，布局交通領域的系統整合服務，以因應未來在 5G 時代的車載物聯網設備商機。

5. 資訊安全

臺灣系統整合業者的資訊安全解決方案以代理國外資訊安全大廠的軟體為主，再依照企業的資訊安全需求提供完整的軟、硬體整合方案，或是以顧問服務提供業者在資安架構的專業服務。

(1)工控安全

臺灣系統整合業者提供工控系統弱點評估、異常行為偵測進行防護，透過人工智慧機器學習進行異常行為偵測，即時更新最新的威脅情資，達到零時差的威脅防護。

(2)雲端資安

臺灣系統整合業者在雲端安全上，以資料安全防護、混合雲管理的多雲管理方案，並結合人工智慧機器學習，防護零時差攻擊及勒索病毒等主要資安威脅。

(三) 未來展望

2021年上半年臺灣進入疫情三級警戒狀態，企業相較於2020年面臨更加嚴峻的衝擊，許多臺灣企業採用分流或是居家辦公機制，因此衍伸出更多的雲端存取、遠距協作、視訊會議、以及資訊安全的需求，在企業營運方面仰賴系統整合業者提供更為彈性的數位轉型服務。在疫情期間，許多電子商務、物流配送業者面臨大量的訂單壓力，無論在客服、接單、配送路線規劃上，可透過數位服務及自動化降低人員負擔，並有增加營運彈性以因應訂單快速增加的需求。

對於系統整合業者而言，許多顧問及系統導入服務可能因為疫情的關係而延宕，對於業者而言，透過數位化工具提供相關的軟、硬體服務，並結合短、中、長期的數位轉型規劃，成為企業在數位轉型的策略夥伴。企業的數位轉型並非僅單純升級企業軟硬體設施，也非僅協助企業導入或整合新興科技應用即可，企業數位轉型的核心價值在於結合企業未來經營方針，重新思考企業資訊架構，以建立一個可充分支持企業數位營運的基礎環境。若系統整合業者

仍維持舊有觀念，僅從局部功能需求思考資訊系統架構，而非從企業營運面切入，將難以協助企業勾勒其數位轉型的樣貌，成為企業營運成長的數位夥伴。

從技術面來看，系統整合業者目前面臨混合雲架構、資訊安全的防護、5G通訊技術、物聯網應用、乃至於人工智慧等新興技術之挑戰，若無法在技術上與時俱進，亦難以因應企業技術所需，建構合宜企業之資訊架構。

國內業者的系統整合能力十分優越，但系統整合的成本在於人力，以資訊服務及軟體產業來說，系統整合的附加價值相對為低，國內的業者應思考讓資訊服務與企業的經營績效進行掛勾，協助企業數位轉型的同時，能反饋到企業經營績效上，以提高人力服務的附加價值，此外，政府應透過相關數位轉型推升計畫鼓勵國內企業積極地採用新興科技，提高國內業者解決方案的成熟度，將是系統整合業者外銷國際的重要關鍵。

二、資訊委外

（一）市場趨勢

資訊委外指的是企業將資訊軟硬體的開發、維護與企業流程等業務，以超過一年以上的長期契約，委託服務提供商代為處理，臺灣常見的資訊委外服務契約有專屬委外團隊、特定案件委外、產品客製化委外等。

1. 專屬委外團隊

提供客戶專屬的開發團隊，資訊委外從前期的系統設計、規劃、導入以及後期的系統維運等流程，由專一團隊完成，必要情況也會提供駐場服務，以時間為單位的契約形式，而交付大多數為跌代式，開發人員隨專案進度不斷深入客戶需求，進而提交更適合的產品與服務，專屬委外團隊通常具有敏捷式開發的特色。

2. 特定案件委外

針對特定案件需求委託開發，依照客戶需求提供系統顧問、方案架構設計、開發、測試、導入等服務，在契約簽訂前期即訂定最終交付的報價及成品預估，對於客戶而言較易掌握專案成本，政府機構的系統建置標案通常採用此種模式。

3. 產品客製化委外

依照企業需求提供客製化的開發服務，通常在既有產品上加值，提供專屬的開發服務，委外廠商針對垂直領域特色以及特定的使用情境下提升產品的易用性、介面友善程度等，契約簽訂會設立查核點以及開發計畫里程碑作為客製化服務的基礎。

資訊委外的目的主要是企業因應聚焦核心事業及專業人力不足的問題，透過委託方式將部分資訊服務委由外部第三方業者執行，將企業資訊化交由專業的服務團隊處理，在資訊投資上更具彈性，且能有效的到降低運作成本及提高執行品質的效益。臺灣資訊委外服務市場依服務類別差異，可以分為資訊管理委外、流程管理委外、程式開發委外、系統維護支援等。

4. 資訊管理委外

傳統資訊委外包含服務商針對客戶擁有的資訊軟硬體設備提供資訊系統日常營運的管理，諸如電腦的軟體安裝、版權管理的資訊管理委外，臺灣在傳統資訊管理委外市場方面，過去主要以實體主機代管服務為大宗，由自有資料中心或租用資料中心的一類或二類電信業者，提供企業主機設備置放、連接、遠端管理維護的服務。

近年企業資訊環境逐漸走向虛擬化與雲端架構，免去前期的建置成本，具有較靈活的擴充彈性且部署快速，導致傳統資訊管理委外的市場規模逐漸縮減，加上因應雲端技術的演進，以及單位網路頻寬的價位降低，受到許多國外大型業者分食，企業對傳統資訊委外業務的需求朝向雲端服務移轉。

臺灣目前資訊委外市場以金融業、製造業以及電信業為大宗，資訊委外服務市場受到雲端服務興起的影響，不少企業採用雲端運算處理公司業務，對於未能提供雲端運算的業者而言，將抑制其發展，雲端能夠讓企業更有彈性的選擇服務，受到企業的青睞。

5. 企業流程委外

企業流程管理委外將業務處理流程、人力、電腦系統均委託給企業流程管理委外業者；臺灣最為常見的流程管理委外為客服中心委外、信用卡處理流程委外、帳單列印委外等。企業流程委外管理由於企業經營環境日趨複雜，持續聚焦本業、切割非核心業務或營業活動，成為企業保持競爭能力的一帖良方。

臺灣在企業流程委外需求方面，對於金融業務相關的委外而言，均具備在地化需求的特質，如行銷中心、各類帳單等，均涉及金融法規對於資料落地的限制，較無跨國競爭的問題，流程委外廠商提供信用卡資料輸入、徵信、信用評等、紅利點處理等服務。

對於客服中心委外而言，臺灣企業在面臨勞動力成本逐步走揚的情況下，將直接驅動委外客服中心業務的成長，但臺灣經營客服中心的成本逐漸提高，可能為境外客服中心委外服務業者分食，而不少業者將部分客服服務轉移至社群媒體上，透過聊天機器人回覆客戶問題，也有效的降低人力成本的需求。

對於供應鏈流程委外而言，則有運輸、倉儲、產品回收維修等物流活動的委外市場，在臺灣製造業回流、企業自建物流不敷成本之情況下，逐步釋放出來，有助於增進供應鏈流程委外的市場規模。

臺灣目前流程委外以政府機構、金融業、服務業的需求為大宗，企業透過自動化技術、業務流程專業化、或是智慧化的工具輔助，以加速企業營運流程的效率。近年隨著社群媒體的興起，透過社群更貼近消費者，作為企業在產品開發或是客戶服務上的重要工具，因此相關的委外服務市場快速成長。

6. 程式開發委外

程式開發委外補充企業程式開發人力不足，提供企業設定規格的程式開發，以及提供企業擁有之軟硬體系統的年度保固、升級的維護支援與教育訓練的系統維護支援。程式開發代工主要協助企業開發、測試、部署、品質保證應用程式的開發與生命週期管理。

（二）產業動態

在臺灣資訊委外市場方面，廠商的服務種類繁多，提供相關服務的廠商類型各不相同，如系統整合商、軟體服務業者、電信服務業者或客服中心等。本段落主要介紹臺灣市場主要經營委外服務的廠商動態。

1. 資訊管理委外

資訊管理委外主要協助企業代管主機系統，有自建以及租用型的資料中心提供服務。近年來受到公有雲端服務接受度提高，加上國際虛擬主機代管業者的競爭下，其經營環境日趨艱難。

部分發展資訊管理委外加值服務，從傳統資訊設備軟硬體的支援服務以及特定系統性的維運，朝向主動性的維運管理服務，提供企業資訊軟硬體資產配置建議、系統運行監控平台、系統升級優化、架構改善等建議。

也有業者逐步開闢各類雲端服務，如提供一站式的雲端服務平台，以及視覺化的介面呈現方式提供管理加值的服務，或是直接代理國際公有雲業者產品服務等。在自有虛擬主機服務方面，業者提供基本的雲端虛擬主機環境，或是在基本虛擬主機環境上，加值提供資料庫、電子郵件、網域管理等服務，包括自建資料中心業者或租用資料中心業者均提供此服務。

在提供自有雲端服務方面，多半是以自建資料中心業者為主，利用本身硬體設施基礎下，提供企業 IaaS、PaaS 與 SaaS 等公有雲服務，或虛擬私有雲服務。至於在面對國際公有雲服務業者競爭下，

亦不少業者選擇競爭又合作的模式，即成為國際公有雲業者產品或服務的代理商。

2. 企業流程委外

企業流程委外為協助企業營運流程中的某個環節，以降低企業營運成本或是提高服務品質，臺灣最為常見的企業流程委外為客服服務中心委外、金融流程委外或供應鏈流程委外等，客服中心委外占企業流程委外的占比最大，以電信公司下轄或分割的客服業務業者最具規模，其次為金融流程委外。

(1)客服中心流程委外

臺灣企業流程委外業者積極地拓展零售生態圈範疇，成立零售物流的產業聯盟，整合新興科技運動、客服以及物流團隊，串聯新零售平台所需的物流、金流，以及客服功能，將運用人工智慧與數據分析等技術，提供顧客全通路的服務體驗，將朝向雲端化、智慧化、信任化三個面向發展。

傳統客服中心委外將企業繁瑣但人力需求高的電話接聽中心業務切割，逐漸演變成企業提供更廣泛的客戶服務業務，隨著企業客戶溝通的管道不同，客服中心流程委外提供社群互動行銷委外、通訊軟體（以 LINE、Facebook Messenger 為主流）管理委外等服務。

而隨著人工智慧的發展，客服中心委外廠商透過自然語言處理與機器學習技術發展智慧客服，透過聊天機器人回應客戶需求，客服中心委外從被動的產品服務客訴轉向主動的產品行銷、客戶引流，透過掌握客戶決策流程進行客戶行為分析。

(2)金融流程委外

金融業務委外包涵收單、發卡帳務委外、信用卡業務委外等，如協助信用卡申請文件建檔、客戶資料建檔及維護、信用卡徵信、客戶信用評等、郵購、信用卡紅利積點業務等，金融流程委外廠商透過自動化技術以及相關智慧化工具提高處理效率。

(3) 供應鏈流程委外

由於傳統物流的流程相當繁瑣複雜，且涉及多個廠商，且各個廠商之間存在資訊不流通的問題，導致企業期望透過委外的服務由，將低其經營上的負擔。

供應鏈流程委外多由傳統的第三方物流業者所經營，提供包括運輸、倉儲服務等業務流程委外等，臺灣供應鏈流程委外業者，透過數據分析提供最佳流程改造以及改善建議、運籌模式改善、KPI 衡量及決策輔助報表輸出等功能，透過累積多年的物流數據，降低業者的前置時間（Lead Time）與物流成本。

除了顧問服務外，也提供協同合作服務、教育訓練以及人力工時委外等服務，依照供應鏈流程提供模組化的流程委外服務，其中主流的供應鏈流程委外包含以下服務：

- 出口作業委外：自動化出口流程作業，提供銷售、出貨、貨況追蹤、成本分析流程委外服務。
- 進貨流程委外：採購單管理、到貨狀況管理等，降低顧客倉儲成本。
- 物流委外：透過數據分析提供配送管理委外、供應鏈顧問、物流作業支援等服務。

3. 程式開發委外

程式開發委外主要的目的在於補足企業程式開發人力不足之困境，諸多臺灣資訊服務業者、系統整合廠商均提供這類型的服務。亦有專業程式開發委外廠商側重軟體產品本地化，或協助微軟、IBM 等國際軟體產品業者進行產品本地化、產品客製化服務。

（三）未來展望

傳統資訊委外受到雲端應用、物聯網應用、人工智慧技術之影響，逐步改變服務內涵以及產業樣貌，能夠積極掌握雲端技術的業者，無論是傳統資訊委外轉向公私有雲服務提供、透過雲端環境建

立擴充性更佳的企業流程委外能力或支援性更好的程式開發環境，方能在新情勢下站穩市場腳步。

流程委外方面，以人工智慧技術為基礎的客服機器人應用，逐步取代傳統人力客服，切分基礎服務與專業服務，人工智慧客服在成本、效能方面勝出，而客服的通路也從電話客服轉移到社群媒體上，在客戶習慣的通路上提供客服服務。

程式開發委外方面，隨著行動應用、物聯網應用的持續發展，多元的平台與複雜的開發環境，有助於程式開發委外代工廠商的商機提升。

三、雲端服務

（一）市場趨勢

根據資策會 MIC 企業雲服務使用調查結果顯示，臺灣目前 24% 企業採用混合雲、私有雲的採用率 35%、公有雲的採用率 8.5%、未採用雲服務 27.5%，但臺灣企業在公有雲的投資有逐漸增加的趨勢，預期臺灣未來採用混合雲部署模式的企業將會逐漸提升。

（二）產業動態

以 AWS、Microsoft 與 IBM 三間國際混合雲廠商為例，分別以不同策略解決混合雲的挑戰：AWS 推出 Outposts 全託管軟硬整合產品、Microsoft 設計高整合度的混合雲管理平台、IBM 併購紅帽整合開源軟體技術打造混合雲的開放式架構生態系。於混合雲發展策略上，AWS 透過合作布局私有雲領域的客戶、Microsoft 善用 Office 系統優勢以大型企業與政府機構為目標客戶、IBM 發展獨特的市場利基點，讓客戶自由選擇公有雲資源建置混合雲環境。

（三）未來展望

隨著高速率、低延遲的 5G 以及物聯網的發展，混合雲管理平台將扮演垂直整合應用的重要角色，應用至製造業與醫療業之跨領域

場景，在平衡資料隱私性需求及設備支出成本下，提升企業整體營運效率。臺灣業者可參考國際大廠之混合雲管理平台策略，研發全自動管理功能，於單一管理介面上檢視雲端與地端環境的資源使用情形，全自動調整企業的需求用量。除了研發整合度高的管理平台外，還可搭配專業的客製化顧問服務，設計適合臺灣客戶的使用介面與欄位，提供一站式顧問服務，協助客戶操作與應用混合雲管理平台。

臺灣業者可參考國際大廠之混合雲軟硬整合與開放式架構布局策略，臺灣系統整合商可利用開源軟體自行研發開放式混合雲架構，將軟體搭載至臺灣具優勢的硬體設備上，形成價格競爭力強的整合型產品，解決客戶在導入混合雲面臨的軟硬體不相容問題，以軟硬整合產品一次購足客戶的需求。臺灣系統整合商於未來發展機會可透過以硬帶軟的合作策略，與臺灣硬體設備廠商合作，推廣整合型產品並拓展國際市場尋求發展機會。

第五章 焦點議題探討

一、人工智慧應用趨勢

（一）市場趨勢

人工智慧的發展在近年持續走向產品化，整體環境不論是人力、技術、資金及政策，都相繼提出並持續支持人工智慧的發展，在產業界也大量運用人工智慧在產、銷、人、發、財，抑或是人、機、料、法、環等各種面向。根據 Mckinsey 提出到 2030 年約有 70%的公司會採用至少一項以上的人工智慧應用，PWC 則預估 2030 年時，人工智慧會為市場帶來 15.7 兆美元的營收，影響全球 GDP 成長達 14%。上述的調查，顯示著人工智慧的導入已是當代產業界在步入新工業時代所須納入的重點科技。

（二）應用機會

人工智慧的導入影響軟體開發及應用，原因在於傳統軟體開發和人工智慧系統開發上的差異。傳統軟體開發流程中，從開始的問題定義及需求訪談外，須經過軟體開發、測試、整合、監管及改善的流程。然而人工智慧介入軟體開發時，除了一般流程外，還需針對人工智慧技術所能解決之問題進行討論、資料工程（蒐集、整理、整合及標籤）、模型開發訓練及驗證後才得以進行確認，並需考量模型確認後之模型部署、應用流程監控及封裝等流程。這突顯導入人工智慧後，仍有相當多環節的議題須兼顧。下列為人工智慧導入後常見的五項管理問題。

這波人工智慧的發展以數據為基礎，當數據累積到不同程度後，為追求更好的模型效率與準確度，開發人員會依不同時期去使用不同數據及模型結構進行重訓練。為此，便需要好的系統與機制對不同模型和資料進行管理，以利開發者可以有效並方便地去對不同版本的模型進行隨取隨用，確保實際場景使用時可將不同時期的模型切換及更新，大量減少人工智慧工程師對模型額外管理的負擔，並可避免因管理不善造成訓練錯誤的情況。

上則管理議題為模型在訓練過程做出良好的管理，然而模型導入流程或嵌入軟體後，需要對模型做出再監控的動作。原因在於人工智慧為人類做出某種程度的認知判斷時，常在實驗階段表現高準備度的模型，卻會在實際導入時因為場景不同而出現問題，所以建議在應用場域中亦需建立模型執行時的監控系統與機制。

以近年大量導入製造業中的自動光學檢測（Automated Optical Inspection, AOI）為例，在實驗室訓練好的模型導入設備後，卻發生比起舊設備出現更多漏檢或過檢的情況，後來再用監控機制與系統後，才發現有AI模型因為現場工廠環境日光燈或是廠房光源的影響，造成出現許多誤判的情況。然而，若導入運用視覺化、模型偏移等監控機制，便有助於第一時間針對模型誤判的情況做出停機或是置換模型的處理，以減少生產過程中產生更多廢料。

雖然現行有許多開放原始碼的方式進行人工智慧模型的交流，但隨著公司採用愈來愈多人工智慧模型，所累積的各種實際場域模型建議要在第一時間可以跨單位及部門進行檢索、取用，由此提升及加速公司智慧化的重要管理機制。如何與第三方系統或平台方銜接最適化的模型，也是公司快速建立人工智慧的方式之一。故近年知名企業－DataRobot，標榜可自動化學習，其背後就用了大量已商業化及落地實證的算法庫來協助企業快速找到合適的算法，加速公司人工智慧模型的建置，將人工智慧擴散至不同業務內容中。

隨著人工智慧的發展，開始出現愈來愈多數據治理、模型判斷偏見、是否具透明性等規範要求等問題。以Amazon為例，就曾因為人臉辨識的服務「Rekognition」在有色人種判讀上偏誤，選擇暫停其服務，並且自身也呼籲加強類似技術的規範和監管。對此，國際間也愈來愈多針對人工智慧要公平不偏見、負責任及倫理議題進行討論，如超過15個國家共同成立的人工智慧全球夥伴聯盟（Global Partnership on Artificial Intelligence, GPAI）就將「負責任的人工智慧」（Responsible AI）及數據治理（Data Governance）列為重要工作群組，或是美國提出「人工智慧應用監管指南」（Guidance for Regulation of Artificial Intelligence Applications），對AI應用規定需考量10項準則，包含公平與非歧視、AI應用透明化等，顯示人工智慧的規範愈來愈受重視。

對於各種規範，已有平台運用系統管理方式，將資料自動做去識別化設計、審核模型框架及數據的出處，或是測試模型對敏感性資料的反應等。這些系統平台能夠有效控制人工智慧所帶來的風險，以避免公司在運用或發展人工智慧時，因為沒有符合規範而造成損害。

人工智慧的快速發展，讓可落地實證的模型得以用於不同場域當中。但人工智慧模型在被設計的時候，判讀的準則會受到資料、模型架構等因素影響，因此近年出現對人工智慧模型進行攻擊或誤導的手法。像是運用生成對抗式攻擊（Adversarial Attack）的方式來產生可干擾特定 AI 模型的資料，讓模型產生誤判，又或是運用大量的資料來記錄模型的反應，以逆向工程的方式偷取模型。

基於模型有被誤導或竊取的風險，除了導入上述的監管機制做為被攻擊時的即時反應外，在資訊系統設計時，可在流程中加上資料上傳的檢核機制，抑或是要使用模型時，進行人員或是身分審核等流程管理，以降低人工智慧模式的安全風險。

（三）服務模式

人工智慧的發展在近年持續走向產品化，整體環境不論是人力、技術、資金及政策，都相繼提出並持續支持人工智慧的發展，在產業界也大量運用人工智慧在產、銷、人、發、財，抑或是人、機、料、法、環等各種面向。根據 Mckinsey 提出到 2030 年約有 70%的公司會採用至少一項以上的人工智慧應用，PWC 則預估 2030 年時，人工智慧會為市場帶來 15.7 兆美元的營收，影響全球 GDP 成長達 14%。上述的調查，顯示著人工智慧的導入已是當代產業界在步入新工業時代所須納入的重點科技。

科技的進步與普及，是沒有後悔藥可以吃的。企業在面臨外部競爭及內部營運效率提升的挑戰下，人工智慧成為近年重要的導入項目。但是，經常在真正導入後才發現人工智慧可能帶來福禍相倚的情況。正因為如此，更需要將人工智慧在導入後做好管理，讓企業運用人工智慧為自己帶來好的「福」，並把這樣的「福」擴散到其他方面。與此同時，也要把人工智慧可能帶來的「禍」，運用管理的方式降低，更甚至將可能的「禍」轉化成為企業競爭的「福」來爭取企業的競爭空間。

二、資訊安全應用趨勢

(一) 市場趨勢

自 COVID-19 發生以來，駭客組織暨集團對企業的攻擊並沒隨著疫情的蔓延而銷聲匿跡，反而在蟄伏短暫的一、兩個月之後，展開一連串入侵企業系統，進而竊取機密資料，藉此達到勒索目的。從 2020 年 5 月開始，針對臺灣科技大廠的擄資勒贖攻擊就頻頻發生且接連不斷。

由於臺灣是全世界復工率最高的國家，資訊電子產品無論是「Made in Taiwan」，或是「Made by Taiwan」，八成以上都是「Taiwan Inside」【2019 年排名全球銷量或產能第一位的資訊電子產業／產品如矽晶圓、IC 封測、晶圓代工、主機板、桌上型電腦、筆記型電腦、銅箔基板、可攜式導航裝置（Portable Navigation Device, PND）、印刷電路板、防鎖死煞車系統（Anti-Lock Brake System, ABS）、無線區域網路（Wireless LAN, WLAN）、電纜用戶終端設備（Cable Customer Premises Equipment, Cable CPE）、數位用戶線路終端設備（Digital Subscriber Line Customer Premises Equipment, DSL CPE）、行動裝置光學鏡頭等】。臺灣科技大廠自然成為這段疫情期間，駭客覬覦攻擊的目標；無論是將 Ransomware 入侵這些資訊電子大廠的「資訊科技（Information Technology, IT）系統」，或再從「IT 系統」汙染到工廠的「營運科技（Operational Technology, OT）系統」造成停工，這都是我國高科技暨資訊電子產業在疫後所必須面臨的資安風險與挑戰，相較其他產業，顯得更為嚴峻的原因。

根據統計，平均每 39 秒會有一個攻擊事件；而一個沒有保護好的網站一放到網路上，18 分鐘就會被攻破入侵。伴隨著智慧型手機、社交平台與雲端服務的普及與盛行，雖然增添生活的便利及效率，相對地卻也帶來更多的資安威脅。此外，駭客攻擊的類型及型態也在進化中，已從過去單點的風險到現在整個面的威脅。

從科技大廠被駭甚至被勒贖，駭客組織已經成為一個產業，不光只是組織運作，甚至發展成有上下游的產業鏈運作，並開始專業

化分工,且演化成像是銷售個資及信用卡資料、販售木馬程式、出售攻擊企業弱點的程式、代客攻擊服務如「分散式阻斷服務攻擊」(Distributed Denial of Service Attack, DDoS Attack)」等多元化經營模式的大型產業。

駭客像黑道般強行勒索,衝擊企業商譽,而且勒贖手法,是將曝光資料的手段是從2%到5%,再到10%,就像擠牙膏一樣的視贖金支付的狀況決定。資安威脅愈猖獗,駭客的「商業模式(Business Model)」也在持續更新;加上地下經濟蘊藏龐大的金錢利益,除吸引網路犯罪者不斷投入外,黑道甚至開始投資駭客組織,更因為疫情的因素,原特種行業如聲色犬馬、博弈等產業大受影響,衝擊原有收入來源,讓整個萬物聯網下的黑色產業鏈,真的成了「富貴險中求」產業,且是瞄準企業對資安防護未做風險管控的龐大商機。

(二)應用機會

盤點臺灣資安產業的優勢及劣勢,在優勢部分,除數位發展、網路普及、政府支持、政治影響下陣營鮮明外,加上資安防護的需求明確:

- 強大敵人與天然資源:根據相關資料顯示,惡意程式入侵臺灣,平均約為1.5億/月;全世界駭客都愛攻擊臺灣,因為臺灣被駭客鎖定為目標的比率高達七成五,遭攻擊比率超過平均值的兩倍,臺灣儼然已是世界駭客最愛的測試沙盒。

- 資安事件與破壞行動繁多:例如科技大廠除成為駭客長期觀察、覬覦攻擊的目標外,更是黑色供應鏈眼中的肥羊;此外,臺灣亦因為是資通訊大國,掌握全世界一半以上的供應鏈,萬物聯網浪潮下,硬體的布建規模也很合適攻擊,所以更是惡意軟體測試的熱區與場域。

在劣勢部分,則還是先有雞,或是先有蛋的邏輯,特別是受限資安內需市場又平又擠,加上國際大廠的競爭,導致內需市場偏好進口資安產品,讓我國資安產業長期發展受限,也造成產業留才、

攬才的困難，更不用說孕育世界級的資安「新創（Startup）」；是以亟需強化的弱項：

- 成功案例與新創環境：從全球資安市場看臺灣新創環境與資安未來，相關資料顯示，資安新創「首次公開發行（Initial Public Offerings, IPO）」的家數愈來愈屈指可數，加上全球資安新創平均於 2~8 年間被併購機率高，資安新創數量更來到 5 年的新低，除反映新創愈來愈難以獲得資金，亦表示投資者正在尋找能滿足客戶需求（痛點）的差異化及廣泛的整體解決方案。加上我國新創環境仍待從投資人心態的保守及法規面的侷限，對資安新創的發展，反而是不得不走入國際市場的推力。

- 人才找尋與市場規模：以色列近年來透過資安新創稱霸國際。面對世界資安人才競逐，臺灣在資安人才的培育是否有跟上世界水平，不能僅僅仰仗臺灣優秀的駭客社群人才，加上目前業界對於資安人才的薪資水準亦離國際有相當大的差距，且廠商寧願投入購買硬體設備，也不願部署更加完善的資安防護整體解決方案，這對資安產業都是一種斷害。另一方面，鎖定國際大市場如亞太地區，未被滿足的資安利基需求，才是臺灣資安新創跳過臺灣市場試金石考驗的唯一道路。畢竟臺灣是一個相對封閉的市場，有其非常特殊性，在臺灣打磨擦亮好的資安產品，通常無法直接複製（Duplicate）、甚至拓展到國際大市場。

國際上推動資安產業最成功，且孕育出許多知名的資安 Startup、甚或成立不到 10 年估值超過 10 億美金的資安獨角獸（Unicorn）的國家，放眼望去，非以色列莫屬。以色列為全球第二大資安產業輸出國，2017 年輸出 65 億美金（約 1,950 億元新臺幣）資安產品暨服務到全球。截至 2018 年底以色列共有 752 家資安相關的公司，其中 118 家被收購。全球知名的以色列資安大廠從 CyberArk 到 Check Point 再到 Radware、Cyberbit 等，都是在資安產業相當知名且成功的業者。

衡外情之後，評估臺灣資安產業與相關新創企業，發現自 2013 年以來，臺灣資安新創大致可以分成三大類：第一類是「大型企業創業投資（Corporate Venture Capital, CVC）」暨衍生出的資安新創；第二類新創來自白帽駭客社群，如 HITCON、TDOH、逢甲黑客社、UCCU Hacker 等；第三類是既非企業衍生亦非駭客社群的資安新創。這當中第一類 Corporate Venture Capital 之資安新創，因仰仗大型企業現有的龐大資源，在資金、國外通路，以及各類型客戶與夥伴的敲門與合作，都會加速很多，正是所謂「水流過處自然成渠」，亦是另類「錦上添花型」資安新創。第二類來自白帽駭客社群的資安新創，亦有打國際盃,揚名世界的技術水準，如奧義智慧的 CyCraft AI 系列產品從 21 家國際大廠中脫穎而出，榮獲 MITRE ATT&CK 年度評測告警最高分；除了帶動產業思維的轉變，由傳統防禦轉向主動偵測威脅，更算是目前臺灣資安產品輸出成功的新創。

（三）服務模式

策略選擇恰當，可在競爭環境中為企業建立起不同的防禦體系，帶來巨大效益，因此產業如何篩選獨特價值（如本研究就是以發展臺灣資安新創為主軸），進而選擇最適策略，實為驅動「資安產業化」發展與聚焦「資安產業鏈」優勢的必要布局。

針對先前我國資安產業發展的問題，再透過 SWOT 進行策略研析，並藉由優勢、劣勢、機會制定進攻策略及轉進策略，且依優勢、劣勢、威脅制定迴避策略及避險策略。

分析全球資安市場結構，可以發現資安產品約占 48%，服務約占 52%；而其中資安產品市場中，軟體約占 79%，設備約占 20%，雲服務僅占 1%。但與全球相較，國內資安產業的硬體產值將近 60% 左右，國外硬體設備僅約 20%；軟體產品與服務主力則為資料與雲端資料庫、郵件安全等，多以辨識與保護為主，威脅偵測、應變回應處理以及追蹤修復工具較少。如此的產業結構亟需翻轉調整，這當然亦是希冀在策略上能透過「資安產業化」來協助資服暨軟體產業轉型。

如前述我國資安產業的發展必須先篩選獨特價值，而發展臺灣資安新創就是一種從價值判斷到策略選擇的主軸。在其中一個重要的觀察指標，除了設定為未來若無形成具代表性、成功的資安新創，就表示資安產業沒有起來之外；如何對焦到臺灣整個產業環境、未來發展趨勢、產業結構調整、產業競爭力、人才供需，或是協助法制調適等指標，才能加速並深化「資安產業化」的發展。

當前美中競局下，供應鏈安全已成為臺灣資安產業發展的優勢；但資安業者規模不大，國際行銷資源薄弱，如何利用歐美對供應鏈安全要求，AIoT 資安產品需求則是重要契機；而國際資安新創解決痛點差異化的成功商模與募資能力則是我國資安新創「衡外情、量己力」之外，制定「大市場、小題目」的策略思維。乘著 AIoT 資安產品服務需求的態勢，資安新創結合 ICT 產業大廠之全球生產布局優勢，成為開啟國際信任供應鏈金鑰的隱形冠軍。

三、顧客關係管理軟體應用趨勢

（一）市場趨勢

顧客關係管理軟體（Customer Relation Management, CRM）是一種管理企業與顧客之間互動歷程的工具，透過 CRM 企業可確實掌握顧客需求、優化銷售流程，進而提升獲利與客戶忠誠度。在疫情的影響下，人們的生活與工作型態皆有所改變，這也接加速了 CRM 的變革與發展。

（二）應用機會

CRM 是企業與顧客之間的重要橋梁，其範疇橫跨售前、售中、售後三個階段，從企業營運的角度來看，此三階段對應的即是行銷、銷售、客服三項領域，企業透過各階段的接觸點蒐集顧客資訊，再將這些資訊集中、整理、儲存於底層的 CRM 資料庫，最後再進一步對這些資訊進行分析、拆解，以數據和記錄為本，達到精準掌握顧客求與偏好的目的。CRM 軟體發展至今日，多數大廠如 Salesforce、微軟等皆已將其產品線拓展至該三項領域，可以看出，掌握完整的消費者旅程已成為時下 CRM 產品的主流形式。

（三）服務模式

疫情改變了人們的生活，在疫情爆發前，CRM 是顧客與業務人員之間橋樑，實體、虛擬兩種通路皆是 CRM 獲得顧客資訊的來源；從使用者來看，業務人員則是在實體的辦公環境下操作 CRM 系統來服務顧客；疫情報爆發後，CRM 受到了兩項新的挑戰，首先是實體通路受阻，在各國的零接觸政策下，使得 CRM 從實體通路取得顧客資料的機會大幅地減少，再來是使用者遠距工作，當許多公司紛紛釋出在家工作政策後，業務人員亦被迫以遠距辦公的形式操作 CRM，這讓 CRM 的協作整合能力備受考驗，如何因應虛擬消費與數位辦公兩大新生活型態帶來的衝擊，成為後疫時代 CRM 面臨的兩大課題。隨著實體通路受阻、遠距辦公成為新生活型態下，CRM 在行銷、銷售、客服三個領域皆有所改變，以下將彙整疫情爆發後，CRM 廠商在此三領域所進行的布局與改變：

1. 行銷面：顧客數據平台成為 CRM 新戰場

在過去資訊科技尚未普及時，精準行銷是難以達成的，使獲得新客戶的成本遠高於舊有客戶維持，故傳統的 CRM 理論多著重在舊有客戶關係維持，策略重心放在已成交後的顧客資料為主；然而隨著線上通路、網路社群的興起，新的 CRM 策略更傾向在顧客購買商品前就針對其搜尋、瀏覽、點擊等數位足跡進行記錄和分析，以更全面的方式，360 度地掌握潛在顧客需求偏好。

顧客數據平台（Customer Data Platform, CDP）即是針對「售前」的客戶足跡數據所發展出來的新興工具，相較 CRM 著重在已成交的顧客資訊上，CDP 將觸及範疇延伸至更多的裝置、網頁和場域，例如智慧裝置、社群網站等資料，藉由大量地分析這些不同的虛、實來源的資料幫客戶分群，再透過多種管道投放廣告，以精準行銷的方式將 CRM 滲透至顧客的日常生活中。

疫情造成實體通路受阻下，企業對於線上顧客數據的需求劇增，這加速了 CRM 大廠投入 CDP 的戰場，例如 Salesforce 與 SAP 均在疫情爆發這年透過併購加速自身 CDP 產品的成長曲線；而知名 CDP 新創廠商如 Segment 與 Session 也於疫後分別被美國通訊解決方

案公司 Twilio 和信用卡公司 Master Card 併購，從這些動態可以看出，疫情使得企業無法仰賴實體通路經營顧客關係，而是必須另尋其他場域、裝置觸及客戶並蒐集資料下，CDP 成為了未來 CRM 領域的兵家必爭之地。

2. 銷售面：整合式銷售平台更加受到重視

銷售的目的在於將潛在商機（Lead）轉換成實際顧客，而此轉換過程需仰業務人員大量地寄送郵件、簡訊推播、電話接觸等步驟，才能有望完成此轉換過程。隨著顧客對消費體驗的要求日漸提高，銷售轉化的過程亦趨於專精化、複雜化，根據知名銷售科技公司 Xant.ai 調查，現下銷售人員平均一天需寄送約 30 封客製化郵件，如何維持銷售業務工作的質與量成為 CRM 銷售領域的重要議題。

為了因應此需求，整合式銷售平台（Sales Enablement）成為近年 CRM 領域的新興產品，以 Seismic 這家公司為例，其產品先與企業的 CRM 系統串接，再將銷售人業務所需要的其他資源包含教育訓練、信件範本、內容素材等整合在單一平台上，讓銷售不必花額外的心力搜尋資源，可更專心、有效率地去服務潛在顧客，提升商機轉化的比率，是現下銷售業務的最有力的幫手。

3. 客服面：智慧語音成為客戶服務要角

客服是 CRM 中最需要語音服務的環節，顧客在進行客訴、退換貨等行為時，會傾向由專人以語音的方式進行互動，傳統 Call Center 則是在此需求下典型的顧客語音服務系統，至今 Call Center 仍廣受許多企業所採用。

根據調查，一個客服人員需要 6 至 8 月左右的時間熟悉工作內容，若是客服人員在缺乏經驗下很可能因不良的表現導致顧客滿意度下降，故在這段時間中，資深或是業務主管的督導至關重要，然而隨著 Call Center 的規模約來越大，以人力進行大量語音客服督導的工作日趨困難，故採以 AI 進行陪伴、輔助客服人員的方式成為現下 CRM 領域的新興應用。

以 Gong 這家新創公司為例，其產品是一以 AI 技術作輔助的語音客服平台，首先串接 Zoom、Webex 等會議軟體，藉由自然語言處理（NLP）技術辨識會議語音中的關鍵字並將其標籤化，再根據這些關鍵字從歷史資料庫中找出最合適的服務建議，提升客服人員的服務品質。

遠距辦公加速了企業運用 AI 督導客服人員，CRM 大廠多在 2020 年推出 AI 語音客服解決方案，以微軟為例，與知名 AI 公司 C3.ai 合作，推出全方位智慧顧客關係管理解決方案，其客服產品即包含了智慧語音輔助功能，而 Salesforce 則是推出 Service Cloud Voice 服務，在客服產品中嵌入 AI 語音辨識服務，協助客服人員即時將客訴語音文字化，並提供相關服務建議。小廠方面，許多提供智慧語音客服解決方案的新創在疫情爆發這年獲得了新的募資，代表智慧語音在客服領域的應用將是 CRM 的未來趨勢。

綜合來看，從後疫時代新的 CRM 發展可發現在實體通路受阻與業務遠距辦公兩項驅動因素下，CRM 在行銷、銷售、客服三個領域均產生了新的發展策略，而顧客數據的範疇也不再僅限於 CRM 上的售後資料，亦包含了售前的顧客數位足跡。

未來可預見，人們打從開啟電子裝置搜尋、觀看網頁、踏入網路社群起，即開始進入企業顧客關係管理的涉獵範圍，企業透過 CDP 分析潛在顧客線上行為的偏好意涵，並以此為本有針對性地投以行銷內容；當潛在顧客受到吸引後，銷售業務將藉著整合式平台輔助下，在對的時間、地點，並以對的內容向潛在顧客推銷企業產品，即使是同時面對多位客戶、多種通路下，整合式銷售平台可協助銷售業務保持服務的質與量；而當成為正式顧客後，語音客服人員亦可透過 AI 技術輔助與 CRM 資料庫協助下，讓被服務的顧客都有賓至如歸的感覺。更為精緻且全面的 CRM，將是多數企業疫後的布局方向。

第六章 未來展望

一、資訊軟體暨服務應用趨勢

2020 年上半年開始的新型冠狀肺炎疫情造成的不僅僅是經濟衰退，已經深刻地影響人們的生活、工作型態乃至於企業流程及企業間的相互關係。國際貨幣基金會（International Monetary Fund, IMF）預估 2020 年全球經濟產出衰退 4%，比 1930 年大蕭條還糟糕。在疫情逐漸趨緩下，預估 2021 年全球經濟將會成長 5.2%。然而，不僅僅是表面上的經濟影響，產業結構、工作方式、生活習慣將會深刻地改變，例如：遠距上班、線上課程；城市的封鎖、國際旅行不便；供應鏈重組、零接觸服務興起等。新冠肺炎疫情的影響不是暫時，而是一種新的常態（New Normal）。

在疫情中，各國政府、企業開始運用各項數位科技，諸如：雲端服務、機器人、影像辨識、大數據分析等，進行防疫、醫藥發展，使得人們、商業能夠持續運行。事實上，2021 上半年的全球新創投資較 2020 年下半年增加了 61%，其中主要就是以數位科技、醫藥等為主，顯示各方看好這些發展而投資。以此，除了疫苗、醫藥等生物科技外，資訊科技成了經濟復甦、商業運作正常的唯二救星。

以下就科技發展方向及疫情帶來的改變，分析資訊軟體暨服務的應用趨勢與產業發展影響。

（一）數位科技新創投資趨勢

NfX 公司在 2020 年調查創投投資人對於疫情下的發展預估，約有 46%投資人表示不受影響、23.5%的投資人指出會有營收的成長。其中，投資人表示食物／飲料、運動／健康、區塊鏈、醫療及 SaaS 服務均是看好成長的領域；廣告科技、建築業、求職業、能源業及旅遊業則不看好。對於這些產業的看好，除了長期科技趨勢發展外，疫情加速人們重視遠距工作、遠距服務、醫療生技發展以及 SaaS 雲

端服務、區塊鏈科技所帶來的新創機會，使得這些新創產業的發展前景持續被看好。以下是 2020、2021 年幾個重要受到大量投資的公司，從中可以看到一些資訊軟體服務發展趨勢：

- Airbnb 是著名共享民宿的網站，提供短期出租房屋或房間，讓旅行者通過網站或手機發掘和預訂世界各地的獨特房源，為近年來共享經濟發展的代表之一。

- Zuoyebang（作業幫）是中國大陸百度推出 K12 教育類型 APP，該 APP 可以讓在校學生使用智慧型手機拍照上傳作業題目圖片，並自動上傳檢索「題庫」中的答案，讓使用者快速得到作業答案與解析。

- Stripe 專門幫中小型企業快速與銀行交易體系進行線上支付，減低線上支付程式手續複雜、費用高等問題。Stripe 號稱只要讓企業在網站後台複製一小段程式碼和 API，就能獲得其支付設施的即時訪問權限，進而讓消費者輸入信用卡資訊完成支付交易。

- Palantir Technologies 是大數據分析軟體與服務公司，為情報單位、金融機構、法律單位蒐集大量數據，並分析或趨勢威脅、辨別詐欺。該公司軟體結合數千個資料庫，找出其中關聯性，曾協助中情局破獲恐怖分子攻擊主題樂園的陰謀。

- Tokopedia 是印尼電子商務公司，有 400 萬家店鋪和超過 8,000 萬用戶，月營業額高達 9 億元新臺幣。Tokopedia 業務包含了買機票、車票、電影票、演唱會門票或禮券等票券，繳付信用卡帳單、罰單、房貸、電話網路水電健保與稅款等費用，甚至還可以購買基金、捐獻善款、買賣黃金、保險和借貸等，讓用戶只要一機在手，就可以迅速處理許多生活瑣事。

- UiPath 是一家機器人流程自動化（Robotic Processing Automation, RPA）軟體公司，可以模擬人類電腦工作模式，如：登入 APP、打開 Email 和附檔、移動檔案和目錄、抓取

網頁資料、從不同格式的表單中擷取資料、讀寫資料庫等，以自動化流程處理。

- APPLovin 是一家總部位於加州的智慧手機 APP 遊戲軟體廣告、營銷和分析平台，透過機器學習、人工智慧等技術，協助遊戲軟體廠商媒合遊戲開發商與廣告主，並能透過競價廣告模式，達到廣告版位的收益最大化，還可以協助遊戲軟體商測試線上廣告的成效。

- Confluent 是 LinkedIn 離職員工基於開源分散式串流分析平台 Kafka 所創辦的企業級串流服務平台。企業用戶可以利用該平台快速整理分散各處的資料源並進行彙整、訂閱服務等，並具備基礎架構安全性、可靠度等。

- Sentinelone 是一家以 AI、機器學習技術提供企業資訊安全端點保護與即時反制的以色列資安公司，服務超過 4,000 位以上的客戶，包含餐廳、銀行、政府、航空等各種行業，防止企業上線營運後受到病毒或駭客攻擊。

此外，大型併購案，包含：行動遊戲新創 Peak Games 被 Zynga 線上遊戲商以 18 億美元收購；Amazon 以 12 億美元併購自動駕駛汽車 Zoox 公司；Lululemon 瑜伽服品牌服飾公司以 5 億美元併購 Mirror 智慧體適能鏡新創公司，該公司利用智慧鏡讓消費者在家進行各項體適能運動與線上教練訓練。

綜合來看，可以看到電子商務、線上 SaaS 雲端服務及人工智慧、智慧物聯網是主要關注的焦點。SaaS 雲端服務除了本來就受到矚目的金融支付、線上遊戲、旅遊分享服務外，線上教育或運動訓練受到矚目，如：作業幫、Mirror 健身鏡等。此外，大量資料處理、企業流程自動化、資訊安全等資料基礎結構亦是重點。

（二）疫情下數位科技發展趨勢

那麼，在疫情影像下帶來哪些數位科技的發展趨勢呢？以下分析幾個重要趨勢：

(1) 零接觸商機

由於疫情的影響，減少人與人的實體聯結或者居家上班等隔離方式，使得零接觸商機成為數位科技最能夠協助的地方，產生新的商機。以下可以分為幾項發展趨勢：

A. 線上服務

不論是線上教育、線上娛樂、線上電影、電子商務、美食外送等均帶來了極大的商機，並成為一種新常態。例如：Amazon Twitch 線上電競直播平台 2020 年觀看次數較 2019 年成長 100%；Netflix 在 2020 上半年就增加 2,600 萬訂閱用戶；達美樂 Pizza APP 訂購占 65%的訂購比例。此外，前述的 K12 線上教育新創作業幫受到矚目與大筆投資；科技線上教育 coursera 人數成長 60%、學習時數成長 160%以上；Salesforce.com 則推出 myTrailhead 線上學習平台；Lululemon 瑜伽服品牌服飾併購 Mirror 智慧體適能鏡新創公司，搶進線上教練訓練市場。

B. 協同科技

居家上班或減少人與人間面對面的接觸，需要透過視訊會議、合作學習軟體等協助。例如：微軟將其 Teams 偕同軟體整合在辦公室軟體內、Salesforce.com CRM 客戶關係 SaaS 服務公司以 277 億美元併購 Slack 協同科技等。Slack 是企業協同工作雲端服務，可以讓工作團隊透過不同主題、專案進行關注以及訊息交換。除此之外，Google Meet、Zoom 都受到極大矚目與成長。

資料來源：Slack，資策會 MIC 經濟部 ITIS 研究團隊整理，2021 年 9 月

圖 6-1　Slack 企業協同平台

C. 遠端監控

遠端監控工具提供人們透過遠端監視設備、人員或者環境等，以避免人員移動，提高效率。前幾年由於物聯網、大數據、人工智慧技術的進步，許多大型工業設備商，如：GE、Siemens、Rolls-Royce 已經運用相關技術來監控與預測設備。由於疫情的發展，迫使使許多中小型企業、設備業等，亦積極採用以因應疫情造成人們移動的不方便。進一步，在 5G 及 AR 技術的發展下，更多企業採用物聯網+AR 的方式，以更視覺化地呈現遠端設備、人員的狀況。例如：SAP 與 Team Viewer 公司合作 AR 遠端維護監控；真空和氣體管理工程設備商 Leybold 利用 AR 技術協助工程師可以進行遠端維修，以減少工程師現場例行性檢修的時程與交通成本。此外，客戶也可以利用 AR 技術依照檢修步驟進行自我檢修，減少設備停機的問題。

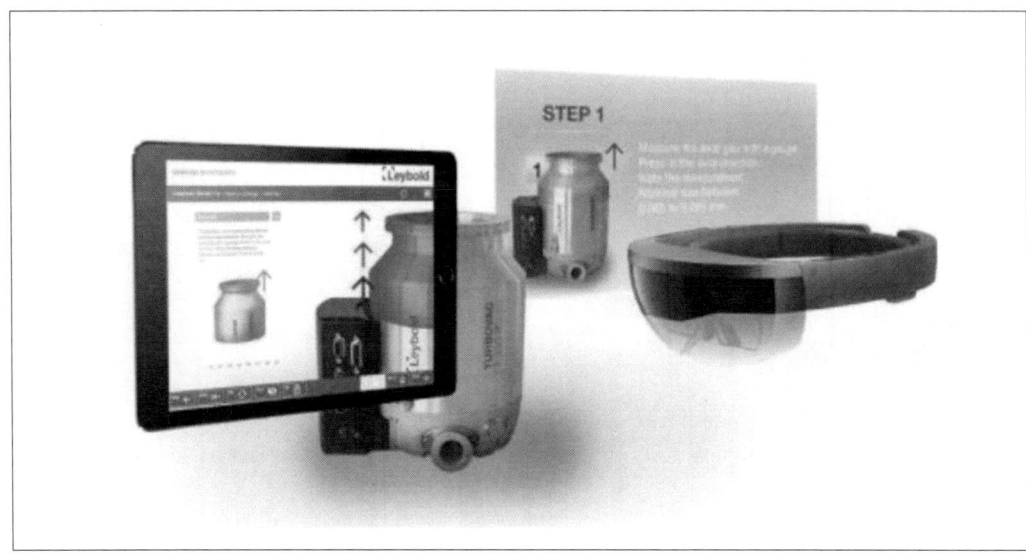

資料來源：Leybold，資策會 MIC 經濟部 ITIS 研究團隊整理，2021 年 9 月

圖 6-2　Leybold 設備 AR 遠端檢測

(2) 數位供應鏈發展

由於疫情造成供應鏈的斷鏈、不穩定等，需要運用雲端服務、物聯網、區塊鏈等科技協助供應鏈透明化、供應鏈協同等，使得數位供應鏈加速發展。數位供應鏈將從幾個方向發展：

A. 供應鏈數位網路

透過雲端、物聯網、區塊鏈等技術發展，使得供應鏈可以更透明以及協同，供應鏈從線性溝通轉為網路合作。例如：FourKites 建立供應鏈物流平台提供業主、第三方物流業者、運送商等進行搓合及併貨；聯合利華區塊鏈茶供應鏈透明化，讓政府、消費者以及財務機構能知道茶農茶葉有機種植資訊等。德國工業設備大廠 Simens 亦於 2021 年以 7 億美元併購電子產品價值鏈平台 Supplyframe，彙整產業界資訊，包含產品規格、訂價與構造等，能快速媒合供應鏈設計、採購的買賣雙方。

B. 需求感知

愈來愈多消費者、企業工作者利用線上服務進行消費、娛樂、工作，留下的數位痕跡愈多，也愈容易地感知需求，因應需求而變化。例如：P&G 消費產品公司從各個零售賣場、倉庫、製造工廠等 POS、ERP 數據進行快速整合與分析，每日分析顧客需求並快速補貨。Volvo 即透過 RFID 以及雲端平台，可以掌握供應商零件供應及運送狀況。此外，如何快速回應客戶的線上行銷分析、廣告的 MarTech 行銷科技也愈來愈受重視，如：APPLovin 線上廣告行銷新創公司。

C. 智慧供應調整

不論是生產、採購、運籌等，也要能夠適應變化的需求、疫情對供應鏈的影響，快速地調整。除了前述的透明化供應鏈外，有賴智慧化、自動化的技術來協助，例如：一家冷暖空氣機廠商利用大數據進行庫存最佳化，並利用 What If 情境分析，讓管理者調整安全庫存水準、存貨天數等參數，模擬各種條件下的成本、達交天數等。Swisslog 公司發展智慧倉儲，可學習顧客訂單行為，預測訂單需求，而將最熱銷貨物放在最佳倉儲位置，最佳化機器手臂操作，提高進出貨效率。

(3) 訂閱式商業模式

線上服務、協同科技、遠端監控等服務發展將會加速企業採用雲端服務，也加速訂閱式的商業模式發展。可以分為幾種商業模式：

- 免費、月租：Zoom、Slack、coursera、RingCentral 等視訊會議、線上教育訓練生產力工具採用簡單版本免費、進階版本採用月租、年繳方式。

- 依使用量計價：Amazon 雲端服務或 Atlas Copcoh 壓縮機、採礦工程機具公司發展 FleetLink Telmatic 機具監測服務，可依使用的網路頻寬、數據累積量、服務呼叫次數等進行計價。

- 結果服務：SKF 軸承廠商，利用設備監控服務協助顧客進行軸承狀況監控、預測維修外，發展「旋轉即服務」結果服務，保證軸承的運作時間，顧客只須付固定的價格。凱薩空氣壓縮機設備商提供設備即服務方案，依照客戶所需壓縮空氣的量及租用時間進行計價；客戶不必購買壓縮機，凱薩則透過遠端監視服務隨時確保壓縮空氣的量的品質保證。

(4) 數位基礎建設

當愈來愈多企業仰賴線上服務、遠端監控時，愈需要數位基礎建設的支持。特別是對於較少資源的中小企業或者原本較低度採用技術的行業，更仰賴基礎設施廠商的協助。可以從幾個方向觀察趨勢：

A. 服務啟動

利用相關工具服務協助企業容易地啟動線上服務，例如：Stripe 專門幫中小型企業快速與銀行交易體系進行線上支付，減低線上支付程式手續複雜、費用高等問題，搶進中小型企業線上服務的市場；Amazon 利用 Lambda 函式功能即服務，減少雲端服務租用費用，解決 Coca Cola 智慧販賣機付款交易的高額服務租用費問題。Confluent 新創公司供企業級 Kafka 串流服務平台，滿足企業訂閱服務、線上串流、遠端監控的數據串流基礎架構需求。

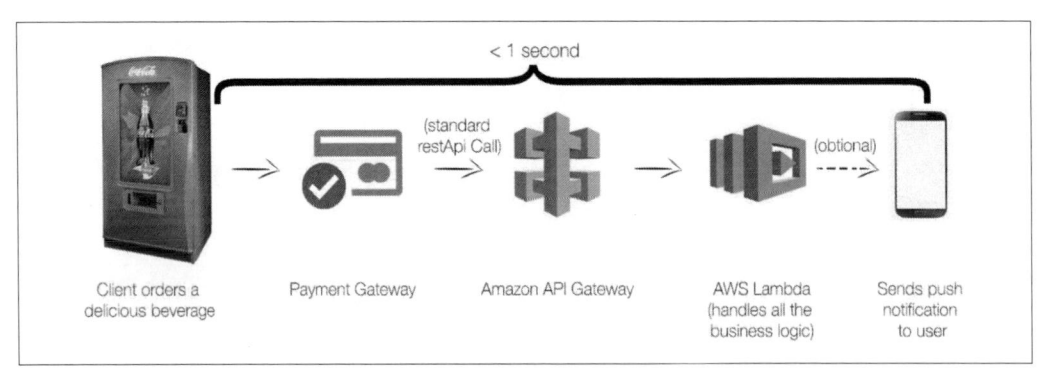

資料來源：Coca Cola，資策會 MIC 經濟部 ITIS 研究團隊整理，2021 年 9 月

圖 6-3　Coca Cola 智慧販賣機功能即服務呼叫

B. 流程自動化

流程自動化軟體協助企業整合複雜的線上線下、實體與虛擬流程，例如：UiPath 機器人流程自動化新創 IPO 上市、微軟收購 Softomotive 機器人流程自動化公司、IBM 收購 myInvenio，可以進行企業流程分析、流程最佳化與流程自動化等。由於電腦視覺、自然語言等技術的進步，這些流程自動化軟體可以利用相關技術辨別來自於圖片、Email 的影像與文字，減少人們介入流程所產生的錯誤以及時間成本。

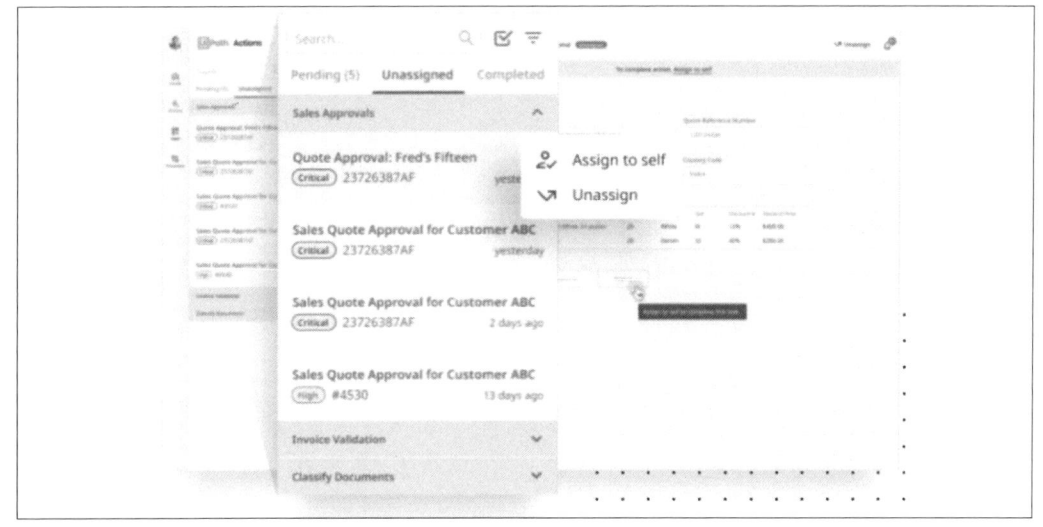

資料來源：UiPath，資策會 MIC 經濟部 ITIS 研究團隊整理，2021 年 9 月

圖 6-4 機器人流程自動化

C. 資訊安全

當愈多員工居家上班或是設備聯網時，就愈可能受到資安威脅，愈需要資訊安全工具以避免攻擊、威脅或詐欺等。例如：Sentinelone 資訊安全端點保護與即時反制資安服務、Palantir Technologies 利用人工智慧、機器學習，協助銀行、政府單位辨別恐怖威脅、詐欺分析等。由於物聯網、線上服務等大量數據的發展，目前受到矚目的是進行資訊事件管理系統

（SIEM），可以針對電腦或物聯網上的數據接收活動狀況進行異常辨識、警訊與處理。

(5) 5G引發新商機

即使數位基礎建設解決，網路頻寬的問題仍可能影響各種零接觸服務的發展。隨著5G持續發展,將會強化疫情帶動線上教學、遠端監控、供應鏈協同等，使得各種應用服務實現更為可能：

● 大頻寬：5G頻寬可以達到10Gbps以上，可以滿足遠距離虛擬實境、高畫質影音播放等應用。例如：無人機視覺即時監控、360度網路同步賽事觀賞、AR/VR線上訓練與遊戲等，可以滿足線上娛樂、遠端監控的頻寬需求。

● 高可靠與低延遲：5G網路延遲性可以低於1毫秒、高可靠性可以達99.999%。可以運用在汽車聯網通訊、智慧工廠自動化等高可靠與低延遲環境，如：智慧工廠的AGV搬運車自動化、機器人協同作業；自動駕駛汽車的路況辨識、交通號誌危險監測等。又如：SURTRAC公司利用路口汽車排隊影像資訊，進而根據排隊理論、機器學習等技術，即時地自動變換鄰近區域交通號誌，以減少交通壅塞。

資料來源：SURTRAC，資策會MIC經濟部ITIS研究團隊整理，2021年9月

圖6-5 交通路口自動控制

- 大量載具聯通：5G 大量載具聯通可在一公里平方連結 1 百萬載具、能源消耗可以低於 4G 的 4 倍。5G 大量載具聯通可以運用在智慧城市、智慧農業大量低功率的物聯網設備連結與協作。例如：5G 物聯網智慧浮標偵測水溫、壓力與潮流等進行漁獲量預測；智慧城市智慧停車、環境偵測、影像監控的 5G 連結等。

（三）全球資服展望

展望未來，在疫情影響逐漸減緩下，將促使 IT 投資在 2021 下半年、2022 年有明顯復甦。由於企業決策者逐步意識到疫情是一種新常態，可能會時常地干擾企業運作，將會加大企業軟體、雲端服務的投資，使得兩者成為落實企業數位轉型的主要推手。以下說明雲端運算、系統整合、資訊安全、資訊委外等資訊軟體服務的未來展望。

(1) 雲端運算

疫情成為常態使得線上學習、線上會議、遠端監控等零接觸服務發展，雲端運算成為企業必要投資的 IT 服務。這些雲端運算服務將逐步地融入企業運作流程，使得混合雲的部署更為重要。此外，中大型企業在雲端運算上將有新的軟體服務開發的需求，使得相關工具軟體服務、服務整合具備龐大商機。值得注意的是，中小型服務業受到疫情嚴重地影響，會更積極地轉移到雲端服務上，雲端運算相關廠商需思考如何協助資源較少或不擅用新科技的中小型企業容易地移轉到雲端服務上。數位供應鏈亦會帶來上下游企業共享雲端服務商機，如何進行各項協同作業的雲端服務將持續發展。

(2) 套裝軟體

儘管許多套裝軟體已經轉變成雲端服務形式，仍有許多企業使用的 ERP、MES、CRM、POS 等套裝軟體系統會持續存在，但將會逐漸地減少或轉變為與雲端服務相互整合的混合雲服務模式。例如：MES 與遠端設備監控雲服務協作、CRM 與行銷數據

服務系統整合發展行銷科技 MarTech、POS 銷售點系統結合線上點餐、外送服務等。以此，套裝軟體商將會積極地發展雲端服務應用或與雲端夥伴商進行合作，延伸應用範疇。此外，企業對於訂閱服務將逐漸地接受，也會積極嘗試訂閱服務的新商業模式。

(3) 系統整合

不論是雲端服務的遷移、混合雲的搭配、實體設備的上網等，均需要系統整合商協助。然而，隨著雲端服務逐漸深入到各行業的作業流程後，領域別的系統整合需求將持續地加大；系統整合商將更深入領域知識，協助企業數位化轉型。除了整合服務外，企業將加深對於數據整合、數據整理或數據分析等服務需求，系統整合商將持續地布局數據技術與相關團隊建立。

(4) 資訊委外

純粹地進行人力委外、基礎建設委外等已經逐漸地被自動化的雲端服務所取代，資訊委外服務商將持續地結合雲端服務發展新的雲端服務或者增強顧問及系統整合服務。此外，雲端服務、軟體等與各個領域設備結合發展，將有更多長期需要進行軟硬體產品整合的委外契約需求產生。

(5) 資訊安全

受到疫情影響，使得企業運用線上服務、雲端運算、物聯網的範圍更廣、更深入，促使資訊安全更受到重視。資訊安全主要趨勢將會往資訊事件管理系統（SIEM）發展，協助企業快速辨識資安異常、即時警訊通知與立即處理。此外，設備聯網造成的設備運作失常、駭客挾持乃至於基礎建設資安保護問題等，會促使政府、企業更重視物聯網資安防護。

二、臺灣資訊軟體暨服務產業展望

　　2020 年我國防疫成功以及美中供應鏈脫鉤的影響，使得我國經濟成長超過 3%，成為全球表現亮眼的經濟體。不過，不同產業受到全球、國內影響因素不同，產生兩極化的發展。在製造業部分，我國資訊電子業受到 5G、物聯網、人工智慧、電動車以及疫情影響的電腦周邊設備遠距商機，成長歷年新高，年增超過 9%；傳統產業則隨著國際疫情影響，逐漸回溫。在零售業，受到疫情影響實體零售受到衝擊，消費者轉往線上及電子商務進行消費；整體而言，便利商店、文教育樂用品及電子購物、物流業等成長超過 10%。以此，不同產業對於資訊軟體服務有不同的需求。其中，疫情造成遠距辦公相關軟硬體需求、伺服器系統建置使得系統整合、資訊軟體需求增加；零接觸服務、雲端服務亦使得資訊服務業商機發展。展望在後疫情時代，疫情成為新常態及產業結構的轉變，資訊軟體暨服務業應更應重視不同行業轉型趨勢，掌握新一波商機。以下將針對零售業、製造業、中小型企業數位轉型趨勢進行分析。

（一）疫情下零售業暨服務業數位轉型趨勢

　　受到疫情影響，國際旅遊相關零售業受到極大的衝擊；便利商店、超市等主要國內市場零售則由於國內疫情較輕微，影響較低；餐飲業則受創最深。但就網路與實體通路銷售來看，我國 2020 年的網路銷售額年增 19% 較整體零售業年增率 0.2% 為高；網路銷售占全體零售比亦成長至 8.9% 以上。這顯示疫情促使「零接觸」線上商機需求增溫，加速零售業數位轉型的速度。此外，疫情限制了餐廳吃飯，改變民眾消費行為，增加在家用餐的頻率，因而帶動餐館業紛紛加入平台或提供外送或宅配服務，也使得餐館業提供外送或宅配服務之業者占比已提升至 59% 以上，顯示線上線下整合成為一種疫情後的新常態。以下分析疫情下我國零售業、餐飲業等發展趨勢以及資訊軟體服務需求：

- 電商決戰配送：國內電商平台已經有幾家大型業者主導的態勢。由於疫情影響，加大消費者透過網路進行訂購、支付、運送等，使得電商平台持續地成長。然而，由於消費需求大

幅成長，倉儲管理、庫存管理、物流配送等造成電商平台的壓力測試，使得電商平台的物流配送出現問題，也成為電商平台的競爭關鍵。電商平台將會持續優化倉儲管理、庫存管理、物流配送等作業效率、數據分析等，將有助於相關資訊軟體暨服務業進一步協助的商機。

- 線上直銷趨勢：疫情影響網路銷售，使得許多實體的超市、百貨公司、批發業等，開始進行網路銷售。一方面由於電商平台的管理費用、一方面由於商品的獨特性，這些較具有知名度與管理能力的實體零售業，傾向自行處理線上網路銷售、自行委託物流商處理等方式。這之中牽涉到各項網路銷售、物流配送的作法，使得相關的零售業、行銷顧問服務業需求大增，相關資訊服務系統的建置、數據分析亦興起，增加相關資訊軟體服務顧問服務、系統整合服務需求。

- 生鮮商品宅配興起：由於市場群聚危險造成不方便採買、居家上班煮飯等需求，形成生鮮商品宅配需求大幅成長。生鮮雜貨宅配需要冷鏈、即時的配送、前端配貨、店配物流等協助，挑戰既有電商平台，也提供新電商平台、實體超市業者、市場或新創業者一個新競爭的利基點。臺灣幾個著名的超市搶占生鮮商品宅配市場、新創業者直接從批發市場進貨銷售等，形成一個新的零售發展通路。生鮮商品宅配衍生生鮮供應鏈協同、透明化、即時庫存與配送的資訊軟體服務需求。

- 外送平台發展：由於餐飲外送的需求增加，使得許多電商平台亦開始挑戰既有大型外送平台，提供餐飲外送服務。這將使得外送平台開始新的競爭趨勢，也提高對於雲端服務、行動APP發展的資訊軟體服務需求。

- 行動支付成長：不論是線上銷售的成長或是提高實體的銷售與體驗，行動數位應用成為結合線上的中心。其中，行動支付是發展行動數位應用的第一步。2020年，臺灣行動支付用戶已經超過1,000萬人。許多的實體零售商店、書店、百貨公司等，亦積極發展行動支付與應用，已作為疊加線上通路

的作法。以此,許多實體零售業者將加速行動支付的提供,並仰賴資訊軟體服務業者提供行動應用、行動為基礎的線上線下整合應用軟體服務開發。

- 餐飲業拚轉型:餐飲業受到疫情的影響最深,呈現大幅地衰退。儘管許多餐飲業積極搭配外送平台,但受到的影響仍大,特別是一些強調餐飲氣氛、感情聯絡的餐飲業。有一些餐飲業則發展新商業模式,如:宅配買燒肉搭配租烤鍋、賣烤鍋或者同時進行線上烤肉教學與線上娛樂助興等,嘗試模擬實體的氛圍。餐飲業的轉型將持續地發展,資訊軟體服務業可以思考如何發展虛擬實體整合的餐飲服務,提供新的線上體驗服務。

- 休閒娛樂業拚體驗:疫情影響使得線上遊戲、線上串流服務平台持續發展,也提高線上教育平台發展的機會,使得資訊軟體服務廠商有許多商機可協助這些線上服務的發展。此外,實體健身房、運動器材、球類運動、旅遊業等,均受到疫情的影響,需要結合線上服務發展實體與虛擬合作的服務,諸如感測器、電腦視覺、物聯網、數據分析的應用將會大幅度地採用。此外,AR/VR等創造體驗的技術應用也會受到矚目,提供資訊軟體服務業者的新商機。

綜合來看,疫情的新常態將使我國的零售、餐飲等服務業,朝著全通路整合顧客方向上發展。其中,行動支付與應用將是實體零售通路的核心,用來整合虛擬與實體的顧客行為。此外,行銷科技 MarkTech 將是應用的主軸,不論是數位行銷的操作、顧客關係管理系統的整合及數據分析的應用均是資訊軟體服務業者可以著墨的地方。其次,線上服務後面的營運效率,諸如:倉庫管理、庫存分析與預測、物流配送、供應鏈透明亦是資訊軟體服務業者可以注意發展的商機。最後,如何協助重視實體氛圍的部分餐飲業、健身房、運動賽事、旅遊業等,透過 AR/VR、物聯網等先進科技,需要資訊軟體服務業者提供具備創新的解決方案。

（二）疫情下製造業數位轉型趨勢

我國疫情相對於全球輕微，加上美中供應鏈脫鉤的影響，使得我國製造業的表現優於各國。特別是資訊電子產業，2020年逆勢成長9.8%，主要來自於5G、居家辦公及防疫醫療等相關產品商機。傳統製造業雖受國際疫情影響，2020年減少10.3%，但由於2021年全球景氣回溫，第一季有12%的成長。展望我國製造業發展，受惠於遠距商機、5G、高效能運算、雲端、物聯網、車用電子等需求，半導體產業、資訊電子仍持續成長。疫情帶動自動化及智慧化生產設備、工業機器人等需求，我國機械產業的品質與群聚效應，可望推升機械產業成長。以下分析疫情下我國的製造業發展趨勢及資訊軟體服務需求：

- 數位轉型意願低：根據資策會2020年調查，我國製造業約有6成尚未規劃數位轉型。其中，電子業約有30%以上已進行數位轉型、金屬業與紡織業則較低約10%左右。這顯示我國製造業對於數位轉型的積極度不高；其中，電子業中又有許多OEM/ODM廠商來自於國際品牌廠商的要求而進行數位化發展。資訊軟體服務業應積極從局部的數位化開始，協助製造業逐步進行數位化採用而非整體性數位轉型方案。

- 優化製程優先：根據調查，我國製造業多數投入數位化業務依序為仍為財務、業務銷售、生產製造等偏向業務性質重複性高、流程作業的優先項目，資訊軟體服務業者應可著重此方面發展。例如：協助流程自動化的RPA流程機器人方案、品質檢測智慧化、設備自動化管理等，以強化生產製造、企業流程的方案為主。

- 連結設備成長：從臺灣智慧製造發展現況分析，設備可連結的程度成長較快，顯示許多製造業從設備可連結的方向加速發展，也顯示近期工業局設備連網的政策奏效。疫情下將提高遠端設備監控的認知與需求，資訊軟體服務業者應朝此方向，基於聯網設備進一步發展相關應用，將能刺激製造業積極採用數位轉型方案。

第六章 未來展望

- 新興技術採用較低：製造業導入新興應用服務，如：數位雙生、邊緣裝置、AR/VR 應用等意願低，甚至超過七成無採用意願。此外，機器手臂、AGV 等亦有五成以上無意願採用。主要原因可能來自於製造業仍以基本的生產製程、品質分析等為最大管理需求，對於更先進的技術仍持保守態度。引進相關應用的資訊軟體服務業者應從流程效率價值來提高製造業對於新興技術的採用。

- 大數據與 AI 高採用興趣：綜合許多調查結果，臺灣製造業十分有興趣採用大數據、AI 應用，例如：電腦視覺導引機器人、生產規劃及製程最佳化、生產設備預知保養、品質分析等。相關資訊軟體服務業可從這方面著手，發展相關電腦視覺、大數據分析、製程最佳化排程等相關軟體與服務。

- 技術人才缺乏：我國製造業普遍仍為中小型製造業，IT 資源本就缺乏，更缺乏 AI、大數據、物聯網等技術人才，使得採用新興技術上力不從心。資訊軟體服務業者應從顧問輔導、教育訓練服務上著手，協助製造業理解新興技術及發現 AI 協助改善方向，進一步才能有效協助導入適合的解決方案。

- 半導體及資訊電子業積極度高：事實上，許多中大型半導體、資訊電子業已經積極地邁向數位化轉型之路。這些業者可能來自於本身設備數位化程度高或者品牌廠商客戶的壓力，透過 AI、大數據、物聯網技術來提高生產效率、提升產品品質以及生產狀況透明。這些中大型業者已經從設備或物料數據蒐集到視覺化分析為主，慢慢邁向大數據分析、AI 自動化等應用，資訊軟體服務業者可以朝此方向進行協助。此外，中大型電子製造業進行數位轉型的過程中遭遇上游小型供應商數位化程度不足、國外設備廠商數位化意願不高等問題，有賴顧問與系統整合業者協助進行技術整合上的突破，以邁向更成熟地數位化發展。

- 設備智慧化機會：我國機械設備業、工業電腦等產業在全球具備良好的競爭能力。疫情發展下，加深各行業對於設備智

慧化的殷切需求,將充滿新的機會。事實上,已經有許多我國工具機、機器人製造、工業電腦廠商積極地布局設備智慧化,如:工具機的設備數位化與預測維修服務、設備機台的虛擬量測、AGV自動化物流搬運車、AOI視覺檢測設備、醫療照護機器人、服務機器人等發展。然而,儘管這些製造業具備高品質設備發展能力,但對於各垂直場域的系統整合、軟體服務發展、生態系結盟等,均較缺乏經驗。資訊軟體服務業者可以協助相關製造業者進行設備智慧化升級、垂直產業顧問合作、生態系串聯等,共同發展智慧場域的軟硬體整合服務與商機。

- 5G帶來製造業機會:受到疫情影響,5G的大頻寬、低延遲、大聯通等特性將帶來製造業更多智慧製造、數位轉型機會,如:5G可運用在機器間流程自動化與回饋處理、3D影像人機協同等;物件、物料的辨識、追蹤或進行模擬、預測等;遠端的檢測、虛擬辦公室的溝通協調;協助製造業進行追蹤供應鏈物料、成本狀況或進行模擬與設計協同等。資訊軟體服務業者可以積極地與製造業、電信服務業共同合作,打造試驗場景,以加速製造業5G應用發展。

- 電動車供應鏈機會:動車產業大爆發,我國電子產業已積極地投入新市場,亦發展產業聯盟合作切入歐美供應鏈市場。此外,我國電子零組件廠亦已經是車用電子鏈的生態系一員。電動車產業牽涉到許多晶片、嵌入式軟體、資訊安全防護等技術的發展,將是資訊軟體服務業者可以切入相關技術的系統整合、嵌入式軟體委外代工等服務發展。

綜合來看,儘管我國製造業受到疫情的影響較小、數位轉型積極度較低。但由於愈來愈與歐美產業鏈的接軌,也促使我國製造業必須強化本身數位能力以迎頭改善國際企業需求。其中,大數據、AI、RPA等協助生產效率提升、產品品質提高、設備預測維修、企業流程運作順暢等將是製造業第一波最重視的數位化關鍵。此外,設備智慧化是我國資訊電子業、機械業、工業電腦業等產品轉型的

最重要關鍵，有賴資訊軟體服務業智慧化能力協助以及垂直市場發展的合作。

（三）疫情下中小企業數位轉型趨勢

在疫情下受創最深的是中小型企業，主要原因來自於本身資源的有限以及數位化程度不足。儘管我國疫情相對於全球輕微，但在數位化成熟度仍落後於，落後於新加坡、日本、韓國、澳洲、紐西蘭等，仍需要進一步強化。以下檢視我國中小企業數位化趨勢並提出資訊軟體服務業者協助中小企業數位化轉型商機：

- 受疫情影響深：根據資策會 MIC 2020 年的調查，我國中小型企業受到疫情影響的達到 60%以上，主要為客源流失、業務推廣受阻等，影響公司經營。中小型企業主要數位化問題則在於產業勞動力老化、缺乏專業技術人員等，使得不容易利用數位化工具來協助企業轉型。

- 客戶體驗欠缺數位化：從調查中也發現，我國中小型企業數位化程度主要以內部流程數位化或是內部溝通為主。對於客戶體驗的數位化不足，更不用說商業模式轉型。儘管小微型企業嘗試進行運用 Facebook、LINE、部落格等行銷，但缺乏人才與資金，普遍效果並不好。

- 數位營運停留在電子化系統：我國中小企業在數位營運電子化系統，諸如：ERP、採購系統等已有較多的採用。然而，對於利用物聯網、AI、大數據進行遠端監控、顧客行銷分析、產品創新服務等均較缺乏。

- 製造業宜強化客戶體驗：在中小型製造業中，主要以採購、產銷規劃、生產製造等系統較多企業採用。然而，對於如何利用數位工具進行資料蒐集分析、採用遠端監控服務，乃至於利用新科技創造產品或營收均較少企業實施。此外，對於如何利用數位平台與夥伴商進行協作的方式亦較缺乏。

- 零售暨服務業宜深化數據運用：在中小型零售或服務業上，在數位營運、客戶體驗、商業模式等數位化成熟較為平均。

中型的零售或服務業在數位採購、市場或產銷規劃及社群媒體、線上線下虛實融合工具已經有較多使用。但對於如何進一步深化進行數據分析、展開訂閱、共享等商業模式則尚不成熟，對於如何利用數據分析創造營收則更缺乏經驗。

- 農漁牧業應擴展產銷生態系：在中小型農漁牧業上，主要仍以營運方面較有數位化發展。然而在產銷透明、協同合作的供應鏈應用上則較少。儘管一些中小型農漁牧業已開始運用社群媒體與客戶互動，對於共同合作協銷方式則較少著墨。

綜合來看，資訊軟體服務業者可以從以下幾個方向協助中小企業轉型：

- 協助數位化能力建立：中小企業要進行數位化轉型前，首先必須能夠進行數位化。我國中小企業在 ERP、生產製造系統、POS 系統等已經有一些採用，但對於雲端服務遷徙、設備連網、物聯網、AI 技術等新數位化模式都較缺乏，資訊軟體服務業者可從這些方面著手。

- 強化電商或客戶服務能力：從調查中也可以知道許多中小企業受創最深的是業務、客戶銷售等乃至於商業模式轉型，但卻是我國中小企業最缺乏的一部分。因此，資訊軟體服務業者可以從如何協助中小企業進行電子商務、數位行銷、數位服務等 MarTech 科技等方向發展。此外，中小型企業亦缺乏上下游或夥伴合作的數位化生態，資訊軟體服務業者可以透過平台協助中小企業建立生態圈。

- 協同探索大數據價值：許多中小型企業對於諸如：數位行銷、設備與營運 IT/OT 數據融合等綜合多樣數據進行蒐集、整理、分析等均缺乏經驗，資訊軟體服務業者可以協助中小型企業一齊探索大數據價值。如果中小型企業缺乏足夠的數據，資訊軟體服務業者除了協助內部數位化外，亦可尋找其他可能數位化夥伴共同建立數據平台以發展數據生態系。

（四）疫情下臺灣數位新創機會

回應疫情的挑戰，我國新創企業有不錯的發展成績，值得中小企業數位化轉型思考、資訊軟體服務業亦可與之合作以發展新產品服務、協助中小企業轉型。

從我國新創的被投資金額來看，以健康科技投資件數或金額上最高，其中生技製藥、醫療器材設備等均是其中熱門投資標的。此外，電子產業也是我國新創投資重點，主要投資項目集中在 IC 設計、通訊元件等。另外，提供軟硬體等 B2B 服務類型的新創企業也獲得不少關注，其中以 AI 應用、雲端與數據分析等數位化服務為主。儘管整體投資金額仍較全球小，仍有少數的高額投資。例如：2019 年某家臺灣新創網路行銷公司獲得投資 8,000 萬美元；2020 年則有一家臺灣 AI 晶片新創團隊獲得 4,000 萬美元投資。

科技部每年遴選「臺灣 10 家最酷科技新創」，著重尋找具有技術開發能力、技術核心具改變產業規則、可進行市場驗證及國際市場發展潛力的新創團隊。2020 年選出的新創，其中 50% 關於 AI 技術、30% 則為生技醫療。以下說明幾個受到關注新創，可以觀察臺灣新創趨勢：

- 醫療照護：一家電腦視覺與 AI 新創公司，利用電腦影像辨識骨骼姿勢與人體資料比對，可以偵測、警示老人跌倒。另一家新創則是打造新一代智慧助聽器，可以從吵雜的情況下精確地捕捉到人聲。

- 醫學診斷：一家 AI 新創公司藉由偵測肺的聲音以監控肺部異常狀態，可以早期偵測肺炎狀況，減少醫療人員不必要的接觸，另一家新創從上百張腦部電腦斷層掃描中可以找到病人的出血點，以 30 秒快速地檢測，以測出腦出血的部位。另一家新創則可以利用微流體晶片技術於 10 分鐘內針對急性腎損傷進行檢測。

- 智慧空間：一家運用定位、辨識、特徵擷取、追蹤等方法，透過影像的方式分析空間結構，發展智慧空間技術。這將使

得可以在不同場域中應用，如：醫療中的氣道插管體內導航，減少醫生進行插管時造成的病人受傷；球場的空間定位導航、賽事線上線下融合的展現等。

- 綠能領域：一家利用能源技術廠商，發展能源視覺化智慧家庭裝置，成功進入日本新建案市場，獲得 10 家最酷團隊中最高募資額。該系統容易與 Google、蘋果，甚至傳統智慧家庭系統等連結，如同家電的中控台。並可透過連結智慧電表和電器，管理用電狀況，做到用電可視化，並可針對電費方案，提出用電最佳化建議。

- 防疫技術：一家系統整合商，整合臉部身分辨識、區塊鏈追蹤技術，能快速地將傳統販賣機改為智慧販賣機、口罩智慧販賣機等；另一家科技新創以奈米觸媒電化學技術製造高活性氧消毒水不需添加化學藥劑，投入抗疫消毒的行列。

綜合來看，我國新創在醫療 AI 領域有相當大的創新能量以及獨特競爭優勢，資訊軟體服務業者可以思考可能的合作與發展空間。此外，由於我國的終端裝置的製造能力強，可以結合相關上下游發展諸如智能設備盒、智能販賣機等裝置，乃至於與場域物聯網技術結合的智慧空間等，亦是資訊軟體服務業可以在軟硬系統整合的領域著重發展的地方。

（五）臺灣資服展望

展望未來，在疫情漸趨穩定以及產業面臨數位轉型壓力的情況下，我國資訊軟體服務將有極好的發展情勢。資訊軟體服務業可以利用本身對於軟體服務、系統整合、領域知識的專長協助中小企業進行數位轉型，也可以與我國電子產業、機械設備商進行合作，開拓海外市場。以下說明雲端運算、套裝軟體、系統整合、資訊委外、資訊安全等資訊軟體服務的未來展望。

(1) 雲端運算

疫情使得線上服務大爆發，我國的零售、餐飲、觀光等服務也面臨利用線上服務、雲端運算以及新科技進行轉型。資訊軟體

服務業者應可把握此次商機與電信服務商合作 5G 應用，協助進行雲端服務遷徙。此外，雲端運算服務商可協助製造業從設備聯網或透過其他虛實整合方式，讓部分服務遷徙到雲端，以取得線上服務、數據分析優勢。

(2) 套裝軟體

套裝軟體業應結合雲端運算結合、數據分析及線上線下整合發展方向進行。例如：商業分析軟體與異質數據分析、POS 軟體與線上點餐系統結合、ERP 產品與 RPA 流程自動化、MES 與設備聯網等方向整合。進一步透過雲端運算蒐集的數據資料，可以進行數據分析服務的發展。

(3) 系統整合

系統整合商應更重視領域別的專精以協助零售服務業、製造業的數位轉型。從我國終端設備的技術與供應鏈成熟上，系統整合業者也可以與中小新創業者、工業電腦、終端設備商合作，藉由本身對領域知識的了解，共同發展更成熟的產品服務。

(4) 資訊委外

從全球趨勢來看，雲端服務、軟體等與各個領域設備結合發展，有更多長期需要進行軟硬體產品整合的委外契約需求產生。我國半導體、晶片、終端設備的強項及積極打入電動汽車供應鏈等，將有更多嵌入式軟體、軟硬整合的長期委外契約。

(5) 資訊安全

除了資訊事件管系統的資安軟體發展趨勢外，我國資安廠商應可更重視物聯網的資安防護，結合軟硬體乃至於晶片等，發展相關資訊安全服務。從近期的資安事件來看，全球關鍵基礎建設資安保護亦會愈來愈重要，其中物聯網、設備出發的資安保護將更被重視。

為因應全球經濟劇烈的變動及供應鏈加速重整的挑戰，政府策劃成立「數位發展部」統籌資訊、電信、傳播、資安和網路 5 大領域，希望能加速軟體服務成長並推動政府與企業數位轉型，近年來電信業者積極朝向 ICT 資通訊服務轉型，並進軍雲端、大數據、AI 等 IT 領域，可以預期電信在資訊軟體與資訊服務的角色將越發重要，也會在資服產值占有重要份量，此外，原本傳統上是分開的 OT 和 IT，兩者之間的邊界也將變得愈來愈為模糊，兩邊必須協調及緊密地合作，以確保端對端的資訊安全無虞，而 IT 與 OT 數據整合，也是智慧化發展重要路徑，展望未來，IT 與 OT 深度融合與創新應用，將加速企業數位轉型之路，也將帶動資訊軟體與資訊服務產業的蓬勃發展。

附錄

一、中英文專有名詞對照表

英文縮寫	英文全名	中文名稱
ADLM	APPlication Development Life Cycle Management	程式開發週期管理
AI	Artificial Intelligence	人工智慧
AO	APPlication Outsourcing	應用軟體委外
API	APPlication Programing Interface	應用程式介面
APS	Advanced Planning & Scheduling System	先進規劃排程
APT	Advanced Persistent Threat	進階持續性威脅
ATM	Automatic Teller Machine	自動存提款機
AR	Augmented Reality	擴增實境
BI	Business Intelligence	商業情報系統／商業智慧
BPM	Business Process Management	商業流程管理
BPO	Business Process Outsourcing	企業流程委外
BYOD	Bring Your Own Device	自攜裝置
CDN	Content Delivey Network	內容遞送服務
CRM	Customer Relationship Management	顧客關係管理
CT	Communication Technology	通訊科技
DDoS Attack	Distributed Denial of Service Attack	分散式阻斷服務攻擊
DLP	Data Loss Prevention	資料外洩防護
EDR	Endpoint Detection and Response	端點偵測與回應
ERP	Enterprise Resource Planning	企業資源規劃
HPA	High Performance Analytics	高效能運算分析

英文縮寫	英文全名	中文名稱
IaaS	Infrastructure-as-a-Service	基礎服務
ICS	Industrial Control Systems	工業控制系統
IDS	Intrusion Detection System	入侵偵測系統
IO	Infrastructure Outsourcing	基礎建設委外
IoT	Internet of Things	物聯網
IPS	Intrusion Prevention System	入侵預防系統
IT	Information Technology	資訊科技
ITO	IT Outsourcing	資訊科技委外
MDM	Mobile Device Management	行動裝置管理
MES	Manufacturing Execution System	製造執行系統
MOM	Message-Oriented Middleware	訊息導向中介服務
NTA	Network Traffic Analysis	網路流量分析
NFC	Near Field Communication	近距離無線通訊
NGFW	Next-Generation Firewall	世代防火牆
NRI	Networked Readiness Index	網路整備度
O2O	Offline-to-Online	線上線下虛實整合
OLAP	Online Analytical Processing	線上分析處理
OT	Operational Technology	營運科技
PaaS	Platform-as-a-Service	平台即服務
PLM	Product Lifecycle Management	產品生命週期管理
POS	Point of Sales	終端銷售系統
RDBMS	Relational DataBase Management System	關聯式資料庫
SaaS	Software-as-a-Service	軟體即服務
SCM	Supply Chain Management	供應鏈管理

英文縮寫	英文全名	中文名稱
SCP	Supply Chain Planning	供應鏈規劃系統
SDN	Software-Defined Network	軟體定義儲存
SDS	Software-Defined Storage	軟體定義儲存
SFA	Sales Force Automation	銷售人員自動化
SOAR	Security Orchestration／Automation／Response	資安協調、自動化與回應
SOC	Security Operation Center	資安監控／維護／營運中心
TMS	Transporation Management System	運輸管理系統
UAP	Unified Analytics Platform	統一分析平台
UEBA	User and Entity Behavior Analytics	使用者與實體設備行為分析
UTM	Unified Threat Management	整合式威脅管理
VA	Vulnerability Assessment	弱點掃描
VAR	Value Added Reseller	加值經銷商
VPN	Virtual Private Network	虛擬私人網路
VR	Virtual Reality	虛擬實境
WAF	Web Application Firewall	網路應用防火牆
WMS	Warehouse Management System	倉儲管理系統

二、近年資訊軟體暨服務產業重要政策與計畫觀測

（一）歐洲

    1.歐盟

數位歐洲計畫（Digital Europe Programme）

項目	內容
願景或目標	希望加速歐洲企業部門及政府部門廣泛運用數位科技，推動社會和經濟轉型，進而為歐洲公民及產業帶來更大的效益
主要內容	• 高效能運算：著重於架設及提升歐洲超級電腦運算和數據處理能力，尤其是在醫療保健、再生能源、運輸安全和網路安全等領域的應用研發。經費將投入 27 億歐元 • 人工智慧：目標是推廣人工智慧在經濟與社會層面之應用，並且因應可能面臨的挑戰。同時考量人工智慧可能帶來的社會經濟變化，必須確保有相對應的道德和法律框架。經費將投入 25 億歐元 • 網路安全與信任：加強網路防禦和推動資訊安全產業發展，投資最先進的資安設備和基礎設施等，以保護歐洲的數位經濟、社會和民主發展。經費將投入 20 億歐元 • 數位技能：擴大長期和短期的培訓課程及在職培訓，確保勞動力能透過培訓養成當前和未來數位轉型所需之先進數位技能，提高就業能力。經費將投入 7 億歐元 • 確保在經濟與社會中廣泛使用數位科技：成立數位創新中心提供一站式（One-Stop Shops）的服務，促進歐洲境內所有行政機關、公共服務機構、企業，尤其是中小企業等的數位轉型，提供專業知識和試驗設備，以及數位轉型的解決方案。經費將投入 13 億歐元

資料來源：歐盟執委會，資策會 MIC 經濟部 ITIS 研究團隊整理，2021 年 9 月

歐盟數位服務法／數位市場法（Digital Services Act / Digital Markets Act）

項目	內容
願景或目標	創建一個更安全的空間，保護數位服務用戶的基本權利。在歐洲單一市場和全球範圍內建立一個公平的競爭環境，以促進創新，增長和競爭力
主要內容	<ul><li>打擊線上非法商品、服務或資訊</li><li>為用戶提供有效保障，包括平台內容審核決策的可能性</li><li>提升線上平台的問題透明度</li><li>大型平台有義務採取風險措施，並對其風險管理系統進行獨立審核，以防止濫用其系統</li><li>研究人員可以訪問大平台的關鍵數據，從而了解風險的演變方式</li><li>Gatekeeper 平台必須在某些特定情況下允許第三方與自身的服務進行互操作，允許其業務用戶訪問使用平台時生成的數據</li><li>使廣告商和發布者能夠對託管的廣告進行自己的獨立驗證</li><li>允許其業務用戶推廣其服務並與 Gatekeeper 平台之外的客戶簽訂合同</li><li>如不遵守，罰款額高達公司全球年營業額的 10%</li></ul>

資料來源：歐盟執委會，資策會 MIC 經濟部 ITIS 研究團隊整理，2021 年 9 月

歐盟電子化政府行動方案 2016-2020（European eGovernment Action Plan 2016-2020）

項目	內容
願景或目標	電子化政府不僅只是導入科技，並使行政部門從市民與企業的角度來設計，且適時適地提供所需的公共服務，使達到公共行政服務現代化、開發數位內需市場、與市民及企業有更多互動，以提供高品質服務
主要內容	<ul><li>利用一些關鍵數位技術（例如連接歐洲基金中的數位服務基礎建設：電子身份證、電子簽名、電子文件交換等）來使公共行政服務現代化</li><li>透過跨境互通性（Cross-border interoperability）讓市民與企業可以更方便出入不同國家</li><li>促進公共行政部門與民間單位和民眾之間的數位互動</li><li>目前已有 20 項行動將立即啟動；後續亦會透過一個線上的利益相關者參與平台 eGovernment4EU，讓市民、企業及公共行政部門一同創造並提出新的方案</li></ul>

資料來源：歐盟執委會，資策會 MIC 經濟部 ITIS 研究團隊整理，2021 年 9 月

人工智慧規則（AI regulation）草案

項目	內容
願景或目標	2021年4月21日提出，成為第一個結合人工智慧法律架構及「歐盟人工智慧協調計畫」（Coordinated Plan on AI）的法律規範。規範主要係延續其2020年提出的「人工智慧白皮書」（White Paper on Artificial Intelligence）及「歐盟資料策略」（European Data Strategy），達到為避免人工智慧科技對人民基本權產生侵害，而提出此保護規範
主要內容	<ul><li>「人工智慧規則」依原白皮書中所設的風險程度判斷法（risk-based approach）為標準，將科技運用依風險程度區分為：不可被接受風險（Unacceptable risk）、高風險（High-risk）、有限風險（Limited risk）及最小風險（Minimal risk）</li><li>「不可被接受的風險」中全面禁止科技運用在任何違反歐盟價值及基本人權，或對歐盟人民有造成明顯隱私風險侵害上</li><li>在「高風險」運用上，除了作為安全設備的系統及附件中所提出型態外，另將所有的「遠端生物辨識系統」（remote biometric identification systems）列入其中</li><li>「有限風險」則是指部分人工智慧應有透明度之義務，例如當用戶在與該人工智慧系統交流時，需要告知並使用戶意識到其正與人工智慧系統交流</li><li>「最小風險」應為大部分人工智慧所屬，因對公民造成很小或零風險，各草案並未規範此類人工智慧</li><li>協調將加強歐洲在以人為本，可持續，安全，包容和可信賴的AI方面的領先地位。為了保持全球競爭力，委員會致力於在所有成員國的所有行業中促進AI技術開發和使用方面的創新</li><li>AI法規將解決AI系統的安全風險，但新的機械法規（The Machinery Directive）將確保AI系統安全地集成到整個機械中</li></ul>

資料來源：歐盟執委會，資策會MIC經濟部ITIS研究團隊整理，2021年9月

歐盟雲端政策（Cloud for Europe）

項目	內容
願景或目標	建立歐盟雲端運算信任度，定義公部門對雲端運算的需求和案例，以促進公部門對雲端服務的採用
主要內容	• 補助經費達 980 萬歐元，來自 12 個國家共同參與，將以公部門與業界協同合作的方式來支援公部門雲端運算服務導入 • 確保雲端運算用戶之間實現服務的互通性以及數據的可移植性 • 為提高雲端運算的可信度，支持在歐盟範圍內發展雲端運算服務供應商的認證計畫 • 開發包括保證服務質量的雲端運算服務合同在內的安全且公正的條款

資料來源：Homeland Security，資策會 MIC 經濟部 ITIS 研究團隊整理，2021 年 9 月

歐盟 PSD 2（Second Payment Services Directive）

項目	內容
願景或目標	允許第三方服務供應商（TPSP）直接存取消費者銀行的交易帳戶資料庫，更全面掌握消費者行為，提供更有效率、便宜的電子支付方案
主要內容	• 第三方服務供應商（TPSP）可做為支付供應商（PISP）或帳戶訊息提供商（AISP） • 帳戶訊息提供商（AISP）：藉由取得客戶銀行資料分析用戶支出與行為 • 支付供應商（PISP）：將消費者各銀行帳戶連結，進行快速有效付款 • 過往銀行可以拒絕 TPSP 的訪問請求。在 2015 年後，第三方服務供應商（TPSP）與銀行的互動受到監管，例如須拿到業務牌照、建立新型架構、異常事件報告、風管與內控 • 而銀行必須調整原先對客戶的資料封閉心態，因銀行將失去與客戶直接互動的優勢，須重新制定其營運模型 • 從 2020 年 12 月 31 日起，PSD2 要求使用嚴格的用戶認證機制（SCA），並且所有歐洲電子商務交易都需要 SCA

資料來源：歐盟執委會，資策會 MIC 經濟部 ITIS 研究團隊整理，2021 年 9 月

歐盟2020年數據戰略（A European Strategy for data）

項目	內容
願景或目標	歐盟可以成為一個由數據驅動的、在企業和公共部門做出更好決策的社會領導榜樣，實現真正的單一數據市場的願景
主要內容	<ul><li>歐洲共同規則和有效的執行機制應確保數據可以在歐盟內部和跨部門流動</li><li>充分尊重歐洲的規則和價值觀，特別是個人數據保護、消費者保護立法和競爭法</li><li>數據訪問和使用的規則是公平、可行和明確的，並且有清晰、可信的數據治理機制</li><li>在歐洲價值觀的基礎上，對國際數據流動有一種開放而自信的態度</li><li>增強個人能力，投資技能和中小企業</li><li>投資歐洲數據空間高影響力項目，其中包括數據共享體系架構和治理機制，以及歐洲節能和可信雲基礎架構聯盟和相關服務，旨在促進40到60億歐元的聯合投資</li><li>2020年第三季度與成員國簽署關於雲聯盟諒解備忘錄</li><li>2022年第四季度啟動歐洲雲服務市場，整合全部雲服務供應</li><li>2022年第二季度創建歐盟（自）約束雲規則手冊</li><li>加強成員國和歐盟一級的必要結構，以促進在部門或特定領域層面以及從跨部門角度將數據用於實現創新的商業構想</li></ul>

資料來源：歐盟執委會，資策會MIC經濟部ITIS研究團隊整理，2021年9月

歐盟數據治理法（Data Governance Act）

項目	內容
願景或目標	DGA 是 2020 年歐洲數據戰略中宣布的一系列措施中的第一個，為了促進整個歐盟內部以及部門之間的數據共享，該法規草案旨在加強機制，以提高數據可用性並增強對中介機構的信任
主要內容	• 設置引入條件，在這些條件下，公共部門機構可以允許重用其持有的某些數據，特別是基於商業機密、統計機密性，第三方智慧財產權保護或個人保護而受到保護的數據數據 • 服務提供商應在數據持有人和該數據用戶之間交換的數據方面保持中立 • 建立「公認的數據利他主義組織的登記冊」，以增加對註冊組織的運作的信任 • 建立一個正式的專家組，即「歐洲數據創新委員會」。該委員會將由成員國當局，歐洲數據保護委員會，委員會和其他各種代表組成

資料來源：歐盟執委會，資策會 MIC 經濟部 ITIS 研究團隊整理，2021 年 9 月

數位金融包裹法案（Digital Finance Package）

項目	內容
願景或目標	鼓勵金融產業之創新，同時使其遵循應有之責任，並讓歐盟金融消費者與商業機構享有更多之利益，歐盟執委會於 2020 年 10 月 24 日提出數位金融包裹法案（Digital Finance Package）
主要內容	• 為促進金融創新並同時保有金融穩定性與保護投資人，歐盟執委會提出加密資產管制框架立法提案（Proposal for Markets in Crypto-assets），並將加密資產分為已受監管與未受監管兩類，前者將持續依據既有規範進行管理。而針對尚未管制之加密資產，該提案針對加密資產發行人與加密資產服務供應商建立嚴格限制，要求取得核准後始可提供服務 • 歐盟執委會於包裹法案內亦提出歐盟數位營運韌性管制框架立法提案（Proposal for Digital Operational Resilience），以確保相關企業可應對所有與通訊技術有關之干擾與威脅，另外，銀行、證券交易所、票據交換所以及金融科技公司將需遵循嚴格之標準以預防並降低 ICT 資安事件所產生之衝擊，另外亦將針對金融機構雲端運算服務供應商進行監管

資料來源：歐盟執委會，資策會 MIC 經濟部 ITIS 研究團隊整理，2021 年 9 月

歐盟 GDPR（General Data Protection Regulation）

項目	內容
願景或目標	協調整個歐洲的數據隱私、保護並授權所有歐盟公民的數據處理與數據自由
主要內容	<ul><li>企業必須聘任「資料保護官」（DPO）</li><li>數據控制者（Data Controller）對於數據主體（Data Subject）數據蒐集、使用需透明</li><li>知情與訪問數據的權力（Information and access to personal data）：數據主體有權得知數據處理目的、有權要求接收自身數據</li><li>請求更正與刪除的權利（The right to rectification and erasure）：數據主體有權要求刪除數據、攜帶與移轉數據</li><li>不受自動化決策約束（Automated individual decision-making）：數據主體有權不受人工智慧與大數據分析下自動化決定的約束</li><li>限制處理的權利（The right to Restriction）：要求數據控制者停止處理個人數據</li><li>「被遺忘權」：資料的當事人可以要求包括資料控制者以及資料處理者，必須協助抹除當事人個人資料、停止使用當事人個資</li><li>反對被自動化剖析（Profiling）權利：GDPR 賦予資料當事人有權了解某一項特定服務，是如何利用大數據分析、機器學習、人工智慧等技術，進行資料分析和研判的服務，當然也有權反對被如此剖析</li></ul>

資料來源：歐盟執委會、歐洲數據保護委員會（EDPB），資策會 MIC 經濟部 IT IS 研究團隊整理，2021 年 9 月

歐盟數位十年網路安全戰略
(The EU's Cybersecurity Strategy for the Digital Decade)

項目	內容
願景或目標	2020年12月16日，歐盟委員會和外交與安全政策聯盟高級代表提出了新的歐盟網路安全戰略。目的是增強歐洲抵抗網路威脅的集體應變能力，並確保所有公民和企業都能從可信賴和可靠的服務及數位工具中充分受益
主要內容	• 確保在有安全隱患和歐洲人民基本權利的地方，建立有力的保障措施，以確保全球開放的互聯網 • 為重要服務和關鍵基礎設施的世界級解決方案和網路安全標準制定規範，並推動新技術的開發和應用 • 韌性、技術主權和領導（Resilience, Technological Sovereignty and Leadership）：根據網路與資訊系統安全指令（Directive on Security of Network and Information Systems, NIS Directive）修訂更嚴格的監管措施，改善網路和資訊系統的安全。並建立由AI推動的資安監控中心（AI-enabled Security Operation Centres），及時避免網路攻擊 • 建立防禦、嚇阻和應變能力（Building Operational Capacity to Prevent, Deter and Respond）：逐步建立歐盟聯合網路安全部門，加強歐盟各成員國之間的合作，以提高面對跨境網路攻擊時的應變能力 • 透過加強合作促進全球開放網路空間（Advancing a Global and Open Cyberspace）：希望與聯合國等國際組織合作，透過外部力量共同建立全球網路安全政策，以維護全球網路空間的穩定及安全

資料來源：歐盟執委會，資策會MIC經濟部ITIS研究團隊整理，2021年9月

歐盟網路安全法（The EU Cybersecurity Act）

項目	內容
願景或目標	<ul><li>進行《歐盟網路安全法》修訂，強化歐盟網路安全機構（ENISA）</li><li>提供發展全歐洲資通訊（ICT）服務、產品和流程一個網路安全認證計畫架構</li><li>第526/2013號（EU）法規應予廢除</li></ul>
主要內容	<ul><li>依據「非個人資料自由流通規則（Free Flow of Non-personal Data Regulation）」的目標，值得信任且安全的雲端基礎設施和服務，是實現歐洲資料可移動性的基本要求</li><li>確保企業、公共管理部門和公民的資料，無論在歐洲何處處理或儲存，都同樣安全</li><li>ENISA將開發針對雲端基礎設施和服務的網路安全認證計畫，並提案供EC採用</li><li>確保ICT產品、ICT服務或ICT流程滿足網路安全認證計畫的安全要求基礎</li><li>網路安全威脅是一個全球性問題，需要進行更緊密的國際合作以改善網路安全標準，包括定義共同的行為規範、國際標準以及資訊共享</li></ul>

資料來源：歐盟執委會，資策會MIC經濟部ITIS研究團隊整理，2021年9月

IPv6 最佳實踐、優勢、過渡挑戰及未來展望白皮書
（IPv6 Best Practices, Benefits, Transition Challenges and the Way Forward）

項目	內容
願景或目標	講述 IPv6 最佳實踐、用例、優勢和部署挑戰中汲取的經驗教訓，探討純 IPv6 部署的實踐案例並全面闡述 4G/5G、IoT 和雲時代對網路的新需求
主要內容	• 各界應於未來逐漸採用 IPv6（Internet Protocal Version 6），以因應 IPv4 位址耗盡之問題 • 得益於重定端到端模式（End-to-End Model），產業界採用 IPv6 將可大規模布建物聯網、4G/5G、物聯網雲端運算（IoT Cloud Computing）等

資料來源：ETSI，資策會 MIC 經濟部 ITIS 研究團隊整理，2021 年 9 月

非 IP 相關網路連接產業規範小組

項目	內容
願景或目標	非 IP 相關網路連接產業規範小組，即 ISG NIN（Industry Specification Group Addressing Non-IP Networking）解決非 IP 網路 5G 新服務相關問題，並定義技術標準，透過設計確保安全性，並提供直播媒體較低延遲的服務
主要內容	• 2021 年 9 月 7 日，ETSI 改革 ISG NGP 成立新小組 ISG NIN，以提供新 5G 應用之最適服務，並以較低投資成本（CapEx）與維運成本（OpEx）有效管理組織 • ISG NIN 將成果應用於專用行動網路、核心網路之公共系統以及端對端 • ISG NIN 與產業組織之合作成果，將提供行動通訊業者一套尖端協定以增加業者的服務組合 • 專注於可替代 TCP/IP 的候選網路協議技術，這些協議可以持續到 2030 年以後

資料來源：ETSI，資策會 MIC 經濟部 ITIS 研究團隊整理，2021 年 9 月

物聯網安全準則－安全的物聯網供應鏈
（Guidelines for Securing the IoT－Secure Supply Chain for IoT）

項目	內容
願景或目標	解決 IoT 供應鏈安全性的相關資安挑戰，幫助 IoT 設備供應鏈中的所有利害關係人，在構建或評估 IoT 技術時作出更好的安全決策
主要內容	<ul><li>分析 IoT 供應鏈各個不同階段的重要資安議題，包括概念構想階段、開發階段、生產製造階段、使用階段及退場階段等</li><li>構想階段對於建立基本安全基礎非常重要，應兼顧實體安全和網路安全</li><li>開發階段包含軟體和硬體</li><li>生產階段涉及複雜的上下游供應鏈</li><li>使用階段，開發人員應與使用者緊密合作，持續監督 IoT 設備使用安全</li><li>退場階段則需要安全地處理 IoT 設備所蒐集的資料，以及考慮電子設備回收可能造成大量汙染的問題</li></ul>

資料來源：歐盟資通安全局，資策會 MIC 經濟部 ITIS 研究團隊整理，2021 年 9 月

強化不實資訊行為守則指南
(Guidance on Strengthening the Code of Practice on Disinformation)

項目	內容
願景或目標	歐盟執委會（European Commission, EC）於 2021 年 5 月 26 日發布，該指南具體呼籲透過禁止不實資訊流通、建立強大的監理框架等方法來加強《不實資訊行為守則》
主要內容	<ul><li>透過個別化的承諾提高簽署者的參與度：鼓勵線上平台、線上廣告生態系統中的利益相關者、私人訊息服務提供者等簽署《不實資訊行為守則》，並依簽署者提供服務的規模和性質訂立相稱之假訊息治理承諾</li><li>禁止不實資訊流通：線上廣告生態系統中的平台和其他業者必須合作消除假訊息，除提高廣告投放的透明度和問責制，並禁止系統性發布假訊息者加入</li><li>確保服務的真實性：加強後的《不實資訊行為守則》應包含以各種方式（如機器人、假帳號、組織性的操作等）傳播假訊息的行為，並以個別化的承諾，確保其所採取措施的透明度和問責制有助於減少假訊息的影響</li><li>使用戶能理解並標記假訊息：簽署者除應提供工具以保障用戶安全的線上環境，同時亦應提供用戶可使用、有效的工具和程序，以標記可能造成公共或個人傷害的假訊息，同時亦應提供適當且透明的機制使被標記者得以尋求補救、取消標記；此外，加強後的《不實資訊行為守則》還應提高可信公益資訊的可見性，並於用戶與被事實核查者標記為錯誤的內容互動時，發出示警</li><li>擴張事實查核的範圍，並提供研究人員更多資料近用權限：加強後的《不實資訊行為守則》應強化與事實核查人員間的合作，並擴大支援的歐盟國家和語言範圍，且應包含使研究人員得以獲取資訊的有力框架</li><li>建立強大的監理框架：加強後的《不實資訊行為守則》應包括一個強大的監測框架，設立明確的關鍵績效指標（Key Performance Indicators, KPIs），衡量平臺採取行動的結果和影響，以及其對歐盟假訊息的整體影響，同時平臺應定期向 EC 回報上述結果</li></ul>

資料來源：歐盟執委會，資策會 MIC 經濟部 ITIS 研究團隊整理，2021 年 9 月

地平線 2020（Horizon 2020）

項目	內容
願景或目標	• Horizon 2020 側重於卓越的科學發展，提升產業領導地位和因應社會挑戰，並透過研究與創新結合，從而實現這一目標 • 確保歐洲發展世界一流的科學技術，消除創新上的困境，並使公營和私營部門能更輕鬆地共同合作 • 主要目的為確保歐洲的全球競爭力
主要內容	• 此計畫投入近 4,100 萬歐元，致力促進歐洲網路安全與隱私系統的創新，將支持 9 個網路安全及隱私解決方案的創新計畫 • 開發 2020 年及以後的歐洲研究基礎設施，確保 ESFRI 和其他世界級研究基礎設施的實施和運作，包括發展區域合作夥伴設施 • 整合和使用國家研究基礎設施，以及電子基礎設施的開發、部署和運營 • 培養研究基礎設施及其人力資本的創新潛力 • 加強歐洲研究基礎設施政策和國際合作 • 提升奈米技術、生物科技、機器人領域、互聯網、內容技術及資訊管理等的發展 • 為科學技術突破、相關企業成長和因應社會挑戰三大方面，擬定計畫與獎勵政策，促進共同發展

資料來源：歐盟執委會，資策會 MIC 經濟部 ITIS 研究團隊整理，2021 年 9 月

2. 英國

全球人工智慧合作組織創始成員的聯合聲明
（Joint Statement from founding members of the Global Partnership on Artificial Intelligence）

項目	內容
願景或目標	• GPAI 是一項多方利益相關者的國際性倡議，旨在基於人權、包容性、多樣性、創新和經濟增長來指導負責任的 AI 開發及使用 • 透過支持 AI 相關優先事項的前沿研究和應用活動，尋求在 AI 理論與實踐之間架起橋樑
主要內容	• 澳大利亞、加拿大、法國、德國、印度、義大利、日本、墨西哥、紐西蘭、南韓、新加坡、斯洛維尼亞、英國、美國和歐盟共同加入，建立全球人工智慧合作夥伴關係（GPAI 或 Gee-Pay） • GPAI 將與合作夥伴及國際組織合作，召集來自企業、社會、政府和學術界的領先專家，就四個工作組主題進行合作：(1)負責任的人工智慧；(2)數據治理；(3)工作的未來；(4)創新與商業化 • 至關重要的是，短期內 GPAI 的專家將研究如何利用 AI 更好地因應 COVID-19 並從中恢復

資料來源：英國政府法規，資策會 MIC 經濟部 ITIS 研究團隊整理，2021 年 9 月

國家資料戰略（National Data Strategy）

項目	內容
願景或目標	活用相關知識與經驗，透過資料的開放、流通與運用，讓英國經濟自COVID-19疫情中復甦，提高生產力與創造新型業態，改善公共服務，並使之成為推動創新的樞紐
主要內容	<ul><li>資料基礎（data foundation）：資料應以標準化格式，且符合可發現（findable）、可取用（accessible）、相容性（interoperable）與可再利用（reusable）的條件下記載</li><li>資料技能（data skills）：應藉由教育體系等培養一般人運用資料的技能</li><li>提升資料可取得性（data availability）：鼓勵於公共、私人與第三部門加強協調、取用與共享具備適切品質的資料，並為國際間的資料流通提供適當的保護</li><li>負責任的資料（responsible）：確保各方以合法、安全、公平、道德、可持續、和可課責（accountable）的方式使用資料，並支援創新與研究</li><li>釋出資料的整體經濟價值，建構具發展性且可信賴的資料機制，與建立資料基礎設施的安全性與彈性</li><li>改變政府運用資料的方式，提升效率及改善公共服務</li><li>推動國際資料流（international flow of data）</li></ul>

資料來源：英國數位、文化、媒體暨體育部，資策會MIC經濟部ITIS研究團隊整理，2021年9月

英國資料保護法（Data Protection Act2018）

項目	內容
願景或目標	個人數據的使用都必須遵循稱數據保護原則的嚴格規則
主要內容	<ul><li>DPA至今已於英國實行20餘年，奠定英國資料保護法律架構。為接軌歐盟的GDPR，補齊與現行法規落差，2018年制定更現代化與全面性的法律架構，賦予人們更多資料控制權，例如提供移轉或刪除資料的新興權力</li><li>今年隨著脫歐而有細部修正：所有法律所指的歐盟法規和機構的地方均更改為英國</li></ul>

資料來源：英國金融行為監管局（FCA），資策會MIC經濟部ITIS研究團隊整理，2021年9月

英國 GDPR（UK-GDPR）

項目	內容
願景或目標	英國脫歐的過渡期後，將不再受歐盟 GDPR 的監管，取而代之的是英國自己的 UK-GDPR，自 2021 年 9 月 31 日生效
主要內容	<ul><li>UK-GDPR 擴展的領域包括：國家安全、情報服務、出入境（移民）。它規定了某些例外情況，例如在國家安全或移民事務中，可以繞過個人數據的常規保護</li><li>當今英國領先的數據保護機構資訊專員將成為 UK-GDPR 的監管者和執行者</li><li>英國資訊專員辦公室（ICO）接管了與 UK-GDPR 法規和實施有關的所有事務</li><li>由於 UK-GDPR 的規範範圍，世界上任何蒐集或處理英國內部個人數據的網站或公司都必須遵守 UK-GDPR</li><li>在英國提供服務的歐盟公司需要任命一名代表，這與歐洲 GPDR 的情況相反</li></ul>

資料來源：英國政府法規，資策會 MIC 經濟部 ITIS 研究團隊整理，2021 年 9 月

開放銀行（Open Banking）

項目	內容
願景或目標	開放銀行（Open Banking）主張將銀行帳戶資訊控制權回歸消費者，由消費者決定帳戶數據存取機構為銀行或非銀行的第三方機構（TPP）
主要內容	<ul><li>允許第三方（TPP）透過 API 串接消費者金融機構資訊</li><li>使用者利用 APP 將所有銀行入口納入做同一管理。使用者在選擇某銀行入口後 APP 導入該銀行系統進行交易，交易完成後再導回 APP，這時 APP 會顯示使用者此次消費的現金流出與總體帳戶資產的存款金額</li><li>透過共享金融數據，消費者詳細了解其帳戶資訊，更容易、無縫管理不同銀行間交易</li></ul>

資料來源：英國金融行為監管局（FCA），資策會 MIC 經濟部 ITIS 研究團隊整理，2021 年 9 月

英國 5G 供應鏈多樣化策略

項目	內容
願景或目標	為確保電信供應鏈多樣化及其將來的彈性,英國數位、文化、媒體暨體育部(DCMS)於 2020 年 11 月 24 日提交國會審查的電信安全法案(The Telecoms Security Bill);英國政府也於2020 年 11 月 30 日發布5G供應鏈多樣化策略(The 5G supply chain diversification strategy),並尋求理念相近國家在全球電信供應鏈議題上共同協調努力
主要內容	<ul><li>三大主軸包含支持既有供應商、吸引新供應商進入英國市場及加速開放介面與互通技術,如開放式無線接取網路(Open RAN)</li><li>英國智慧無線接取網路開放式網路創新中心(SmartRAN Open Network Innovation Centre, SONIC)預計於 2021 年 5 月開始運作,與 Ofcom 及數位策進中心(Digital Catapult)攜手合作,提供產業用測試設施,扶植英國的 Open RAN,協助發展各階段的多元供應商供應鏈</li><li>此外,英國政府也將成立國家級電信實驗室並計劃於 2022 年啟用,結合產官學力量,研究英國網路安全性現況與未來</li></ul>

資料來源:英國政府,資策會 MIC 經濟部 ITIS 研究團隊整理,2021 年 9 月

英國科技業的未來貿易戰略（future trade strategy for UK tech industry）

項目	內容
願景或目標	• 促進數位貿易並幫助英國成為全球科技強國 • 吸引來自世界各地的更多投資，以支持英國技術 • 在全球推廣英國的技術，並與全球合作夥伴共同促進發展
主要內容	• 對快速成長的國際市場（包括亞太地區）增加技術出口，加強規模擴大的市場準備出口，並吸引投資以推動創新並創造就業機會 • 由於新冠病毒的影響，許多數位技術行業的需求不斷成長，包括 EdTech、MedTech、金融科技和網路安全等，從而帶來了更多的出口機會 • 為 DIT-DCMS 聯合網啟動亞太地區數位貿易網（DTN），推動英國高科技產業於亞太地區的發展，為英國吸引資金與人才，並加強英國在國際上的數位經濟合作 • 成立新的技術出口學院，為高潛力的中小企業提供專業建議，以支持其向優先市場的發展 • 高科技技術將是「準備好交易」運動的核心，其中包括 EdTech、MedTech、網路、VR、遊戲和動畫 • 擴大對 DIT 高潛力機會（HPOs）技術計畫的支持，以推動外國直接投資（FDI）進入新興子行業，包括 5G、工業 4.0、光子學和沉浸式技術，確保英國仍然是歐洲最有吸引力的技術投資目的地

資料來源：英國政府法規，資策會 MIC 經濟部 ITIS 研究團隊整理，2021 年 9 月

先進研究發明署法案（The Advanced Research and Invention Agency Bill）

項目	內容
願景或目標	英國商業、能源暨產業策略部（Department for Business, Energy and Industrial Strategy, BEIS）於2021年3月2日向英國國會提交「先進研究發明署法案」，作為英國政府設立獨立研究機構「先進研究發明署」（Advanced Research and Invention Agency, ARIA）的法源依據，用以補助高風險、高報酬之前瞻科學與技術研究，將仍處於想像階段的新技術、發現、產品或服務化為現實
主要內容	• 本法案授予ARIA高度的自主性，使ARIA得以招攬世界頂尖的科學家與研究人員，規劃最具前瞻性與發展潛力的研究領域提供研發補助 • 也給予相較於其他研究機構更多容許失敗的彈性，並明確指出失敗是前瞻科學研究必然經歷的過程 • ARIA對於研發資金的運用將因而獲得充分的自主性與彈性，包含對於研究計畫提供快速啟動基金與其他獎項做為激勵措施，或是依據研發進展即時決策是否延續或中止

資料來源：英國政府法規，資策會MIC經濟部ITIS研究團隊整理，2021年9月

線上安全法草案（Draft Online Safety Bill）

項目	內容
願景或目標	賦予英國通訊管理局（Office of Communications, Ofcom）新的職責，以確保民眾上網時的安全。旨在確保人們可在網路上自由抒發己見，並要求平台在履行職責時考慮言論自由之重要性
主要內容	• 根據該草案，搜尋服務、社群媒體平台，以及使用者分享內容（User-Generated Content, UGC）的線上服務，必須減輕非法內容造成的損害風險 • 極力減少非法內容的傳播，包括兒童性虐待和恐怖素材，以及這些服務衍生的線上欺詐行為，這些服務亦須需採取保護兒童線上安全的措施。 • 英國數位、文化、媒體暨體育部（Department for Digital, Culture, Media and Sport, DCMS）指出，某些平台屬於最大型、風險最高大的網站，稱為第1類網站（Category 1 Sites），亦須針對可能對成年人有害的內容採取行動 • 網站必須明確說明將如何解決這些問題，Ofcom要求這些業者為其處理方式負責

資料來源：英國政府法規，資策會MIC經濟部ITIS研究團隊整理，2021年9月

（二）北美與俄羅斯

1. 美國

AI 原則：國防部關於以道德方式使用人工智慧的建議（內部政策）

項目	內容
願景或目標	透過提供五種道德原則和十二種關於國防部如何最好地結合這些原則的建議，推薦美國國防部使用人工智慧的道德準則
主要內容	• 負責任：人類以適當的判斷力，對開發、部署 AI 系統及監視其結果負責 • 公平：國防部在開發和使用會無意中對人造成傷害的 AI 系統時，應避免偏見 • 可追溯：必須以易於理解和透明的方式來製造和使用 AI 系統 • 可靠：AI 系統應具有明確定義的使用範圍，還必須安全、有效地完成其需要執行的特定任務 • 易於管理：AI 系統應經過設計以實現其預期功能，並能夠檢測、避免意外的傷害或破壞 • 加強 AI 測試和評估技術，以創建新的測試基礎結構 • 開發基於道德、安全和法律因素的 AI 風險管理方法，以管理 AI 應用程序的各級別風險

資料來源：美國 OSTP，資策會 MIC 經濟部 ITIS 研究團隊整理，2021 年 9 月

國防部雲戰略

項目	內容
願景或目標	國防部最近啟動了數字現代化戰略，旨在保持在現代戰場空間的競爭優勢。這一願景的一個核心組成部分是國防部雲戰略，它將有助於支持新計畫、支持國防戰略（NDS）和其他作戰需要
主要內容	• 評估當前的能力成熟度：重新評估關鍵任務核心和企業服務，最大限度地提高能力，為合作夥伴建立一個共同的環境和基礎，以建立作戰能力 • 採用數據和數位平台方法：為了向邊緣和作戰人員提供數據，強烈建議使用數據和數位平台（DDP）的概念 • 賦能作戰能力：採取用例驅動的方法來開發作戰能力、利用雲基礎和現代推動者至關重要 • 以下五個轉變將影響作戰雲的啟用：下一代安全模型、邊緣交付和處理、敏捷收購、自動認證及全域操作

資料來源：美國 OSTP，資策會 MIC 經濟部 ITIS 研究團隊整理，2021 年 9 月

資料中心優化戰略計畫（DCOI Strategic Plan）

項目	內容
願景或目標	解決 SBA 開發、實施、監視和報告數據中心戰略的備忘錄要求，以凍結新數據中心及當前資料中心；合併與關閉現有資料中心；進行雲端和資料中心優化
主要內容	• SBA 將盡可能地優化、整合和遷移其資料中心到雲端，並在適當情況下關閉資料中心 • 根據需求彈性分配資源是提供即時服務的關鍵，並且是雲端智慧策略中的重要概念 • OMB 優先考慮增加聯邦系統的虛擬化，以提高效率和應用程式可移植性 • SBA 致力於採用雲端解決方案，以簡化轉換過程並採用符合聯邦雲端智慧戰略的現代功能 • SBA 實施了 Microsoft Systems Center 和 Microsoft Operations Manager Suite，以進行自動監視和伺服器利用率管理

資料來源：美國小型企業管理局（SBA），資策會 MIC 經濟部 ITIS 研究團隊整理，2021 年 9 月

美國開放資料計畫（The Opportunity Project）

項目	內容
願景或目標	透過聯邦政府資源，把地方資料轉化為線上資料，並且開放給智慧應用的開發者們，使其有辦法為這些地方資料建立分析模型
主要內容	● The Opportunity Project 資料包含犯罪記錄、房價、教育與政府職缺等，開放美國境內 9 大城市如紐約與舊金山等資料。此外美國聯邦政府也提供一些工具給開發者，方便其進行下一步應用開發 ● 對於將智慧城市、物聯網定位於未來發展的城市來說，此計畫將帶來相當大的幫助

資料來源：美國小企業創新研究（SBIR）計畫，資策會 MIC 經濟部 ITIS 研究團隊整理，2021 年 9 月

美國安全通訊平台專案（Secure Messanging Platform）

項目	內容
願景或目標	應用區塊鏈（Blockchain）相關技術，打造安全的行動通訊與交易平台。運用分散式訊息骨幹的方式，讓使用者從建立訊息、傳輸訊息、發送與接收訊息等階段都能保障其訊息安全
主要內容	● 階段一：打造去中心化（decentralized）「區塊鏈」技術做為平台骨幹，讓該平台可抵禦監聽和駭客攻擊 ● 階段二：持續平台開發、測試與評估，讓平台是可運作的雛型（prototype）階段，計畫時間為期二年，計畫經費最高為 100 萬美元 ● 階段三：專注商業化和大規模推廣此平台的運用，此階段增加了去中心化的區塊鏈分散式帳簿系統中用戶的測試與平台的監控

資料來源：美國小企業創新研究（SBIR）計畫，資策會 MIC 經濟部 ITIS 研究團隊整理，2021 年 9 月

改善國家網路安全總統行政命令
(Executive Order on Improving the Nation's Cybersecurity)

項目	內容
願景或目標	旨在增進美國政府與私部門在網路安全議題的資訊共享與合作，以加強美國對事件發生時的因應能力
主要內容	<ul><li>情資共享之強化：消除威脅政府與私部門之間資訊共享的障礙，要求 IT 與 OT 服務者偵測到可疑動態時，與政府共享相關資訊與相關安全漏洞資料，簡化並提高服務商與聯邦政府系統服務合約之資安要求</li><li>現代化聯邦政府網路安全：針對聯邦政府網路，建構更現代化與嚴格的網路安全標準，並採取零信任架構，例如應強化雲端服務與未加密資訊之共享機制，包括由公眾直接透過 WiFi 連網取得或下載之資訊網頁等，針對其建構安全機制、更新加密金鑰與建構新的安全工具</li><li>強化軟體供應鏈安全：提高軟體供應鏈安全性，包括要求開發人員提高其軟體透明度、公開安全資料、利用聯邦資源促進軟體開發市場，以及建構軟體認證，使市場更容易確定該軟體的安全性</li><li>建立資安審查委員會：建立由公私部門共同合作的資安審查委員會（Cybersecurity Safety Review Board），針對重大資安事件做及時的回應、，並進行獨立第三方之審查與建議</li><li>標準化聯邦政府應對資安弱點及資安事件的教戰手冊：建構聯邦政府因應資安事件之資安事件教戰手冊，使聯邦政府得以及時並一致地回應網路攻擊事件</li><li>改進對聯邦政府網路資安弱點及資安事件之偵測：清查聯邦政府端點，改善聯邦政府對資通安全事件的偵查能力，並進一步布建強大的端點監測和回應系統（Endpoint Detect and Response, EDR）</li><li>提升聯邦政府調查與補救之能力：提升資訊安全事件調查與補救能力，並透過更頻繁與一致的資安事件日誌來減緩駭客對聯邦政府網路的入侵</li><li>建制國家安全系統：要求聯邦政府部門採用符合相關網路安全要求之國家安全系統</li></ul>

資料來源：美國政府，資策會 MIC 經濟部 ITIS 研究團隊整理，2021 年 9 月

2019年與未來5G安全法案（Secure 5G and Beyond Act of 2019）

項目	內容
願景或目標	總統和各聯邦機構制定一項「確保5G和下一代無線通信安全」的國家戰略，以維護美國5G技術安全，協助美國盟友最大限度地提高5G技術安全性，並保護行業競爭力及消費者隱私
主要內容	• 確保美國境內的5G通信技術是安全的；協助美國的戰略夥伴保護5G網路，以維護美國的國防利益；保護美國私營企業的競爭力；保護美國公民的隱私；保護標準制定機構的完整性，不受政治影響 • 確認國內外5G技術值得信賴的供應商，並調查此類設備的國際供應鏈中是否存在安全漏洞 • 制定外交計畫，以協調與其他可信賴盟友和戰略合作夥伴共享5G技術的安全性及風險資訊 • 除設備安全問題外，還要識別網路漏洞和資安風險 • 確保使用5G網路的經濟及國家安全利益

資料來源：美國OSTP，資策會MIC經濟部ITIS研究團隊整理，2021年9月

聯邦衛生IT計畫：2020-2025年（草案）（Federal Health IT Strategic Plan）

項目	內容
願景或目標	• 美國衛生與公共服務部（HHS）發布此計畫草案，期望利用IT的力量來改善美國的醫療保健狀況 • IT技術應改善患者的健康狀況、尋求護理的經驗 • 以機器學習等數據分析技術來促進更具個性化的護理，改善醫療保健研究和管理 • 促進醫療保健提供者和研究人員之間共享電子健康記錄（EHR）
主要內容	• 增加患者對數據的訪問，改善健康數據的可移植性，以便患者尋求最佳護理 • 促進健康行為和自我管理，將更多的社會因素納入電子健康記錄（EHR）中，並利用個人和社區級別的數據來解決流行病和其他公共衛生問題 • 利用機器學習來開發針對性的療法 • 鼓勵「對數據共享的期望」，加強不同利益相關者之間的協作，並提高患者對自己數據的理解

資料來源：美國OSTP，資策會MIC經濟部ITIS研究團隊整理，2021年9月

物聯網網路安全法（IoT Cybersecurity Improvement Act of 2020）

項目	內容
願景或目標	針對美國聯邦政府未來採購物聯網設備（IoT Devices）制定了標準與架構
主要內容	<ul><li>要求美國國家標準技術研究院（National Institute of Standards and Technology, NIST）應依據 NIST 先前的物聯網指引中關於辨識、管理物聯網設備安全弱點（Security Vulnerabilities）、物聯網科技發展、身分管理（Identity Management）、遠端軟體修補（Remote Software Patching）、型態管理（Configuration Management）等項目，為聯邦政府建立最低安全標準及相關指引</li><li>美國行政管理和預算局（the Office of Management and Budget）應就各政府機關的資訊安全政策對 NIST 標準的遵守情況進行審查，NIST 每五年亦應對其標準進行必要的更新或修訂</li><li>為促進第三方辨識並通報政府資安環境弱點，該法要求 NIST 針對聯邦政府擁有或使用資訊設備的安全性弱點制定通報、整合、發布與接收的聯邦指引</li></ul>

資料來源：美國政府，資策會 MIC 經濟部 ITIS 研究團隊整理，2021 年 9 月

自駕車全面性計畫（Automated Vehicles Comprehensive Plan, AVCP）

項目	內容
願景或目標	2021年1月11日發布，建立了交通部促進合作、透明性與管制環境現代化，並將自動駕駛系統（Automated Driving Systems）安全整合入交通系統之策略
主要內容	<ul><li>基於過去「自駕車政策4.0」建立之原則上</li><li>促進合作與透明性：交通部將會促進其合作單位與利益相關人可取得清楚且可靠之資訊，包含自駕系統的能力與限制</li><li>使管制環境現代化：交通部將會現代化相關規範並移除對創新車輛設計、特性與運作模組之不必要障礙，並發展專注於安全性之框架與工作以評估自駕車技術的安全表現</li><li>運輸系統之整備：交通部將會與利害相關人合作實施安全的評估與整合自駕系統於運輸系統之基礎研究與行動，並促進安全性、效率與可取得性</li></ul>

資料來源：美國交通部，資策會MIC經濟部ITIS研究團隊整理，2021年9月

太空政策第5號指令（Space Policy Directive-5, SPD-5）

項目	內容
願景或目標	為避免太空系統受到網路威脅，白宮於2020年9月4日發布SPD-5，該指令主要關注太空系統的網路安全，將現有地面使用的網路安全政策應用在太空系統中，旨在提高美國太空設施網路安全
主要內容	<ul><li>太空系統及相關軟硬體設施，應使用以風險等級為基礎的方式，進行開發運作並建構其網路安全系統</li><li>太空系統營運商應制定太空系統網路安全計畫（應包含防止未經授權的存取行為、防止通訊干擾、確保地面接收系統免受網路威脅、供應鏈的風險管理等功能），以確保能掌握對太空系統的控制權</li><li>監管機構應訂定規則或監管指南來實施SPD-5指令的原則</li><li>太空系統的營運商及其合作對象應共同推動SPD-5指令，並盡力減少網路威脅的發生</li><li>太空系統營運商在執行太空系統網路安全的保護措施時，應管理其風險承擔能力</li></ul>

資料來源：美國政府，資策會MIC經濟部ITIS研究團隊整理，2021年9月

2.加拿大

服務與數位政策（Policy on Service and Digital）

項目	內容
願景或目標	2021年9月1日生效，取代過去舊有政策，希望透過數位技術改善客戶服務體驗和政府運營，提供更好的數位政府服務
主要內容	<ul><li>管理內、外部企業服務、資訊、數據、IT和網路安全的戰略方向，並定期審查</li><li>優先考慮加拿大政府對IT共享服務和資產的需求</li><li>推動現代化政策，並提高創新技術和解決方案的能力，如AI和區塊鏈，提供該國人民更好、更快、更便利的政府服務</li><li>政府服務都改為一站式線上窗口、簡化稅務申報及改善就業保險程序等</li><li>促進服務設計和交付、資訊、數據、IT和網路安全方面的創新和試驗</li></ul>

資料來源：加拿大政府政策，資策會MIC經濟部ITIS研究團隊整理，2021年9月

3. 俄羅斯

2030 年前國家人工智慧發展戰略

項目	內容
願景或目標	- 在經濟、社會領域優先發展和使用人工智慧,確定人工智慧發展的七項基本原則,即保護人權與自由、降低安全風險、保持工作透明性、確保技術獨立自主、加強創新協作、推行合理節約資源、支持市場競爭 - 使俄羅斯在人工智慧領域居於世界領先地位,以提高人民福祉和生活質量,確保國家安全和法治,增強經濟可持續發展競爭力
主要內容	- 支持人工智慧領域基礎和應用科學研究:合理增加科研人員編制數量;鼓勵企業和個人投入研發;開展跨學科研究等 - 開發和推廣採用人工智慧的軟體:支持創建國內外開源人工智慧程式庫;制定統一的質量標準等 - 提高人工智慧發展所需數據的可訪問性和質量:開發統一的資訊描述、蒐集和標記方法;創建和升級各類數據公共訪問平台,並保障政府優先訪問權等 - 提高人工智慧發展所需硬體的可用性:開展神經計算系統架構基礎研究;建立高性能資料處理中心等 - 提高人工智慧人才供應水平及民眾對人工智慧的認知水平:在各級教育計畫中引入編程、數據分析、機器學習等教育模組、普及人工智慧知識等 - 建立協調人工智慧與社會各方關係的綜合體系:簡化人工智慧解決方案的測試和引入程序;完善公私合作機制;制定與人工智慧互動的道德倫理規範等

資料來源:中國大陸商務部駐俄羅斯處,資策會 MIC 經濟部 ITIS 研究團隊整理,2020 年 9 月

草擬新 5G 網路發展戰略

項目	內容
願景或目標	為加速 5G 網路布建而草擬的新 5G 網路發展戰略，提出合資公司、股份交換 5G 執照等新概念，並規劃 5G 可用之新頻段
主要內容	<ul><li>要求 4 大行動通信業者（MTS、MegaFon、Beeline 與 Rostelecom/Tele2）設立合資公司（Joint Venture），前述業者將被指派至特定區域進行專有（Exclusive）5G 網路布建</li><li>初期某一特定區域的「主要業者（Anchor Operator）」須與其他 3 家合資業者共用網路接取，而後者需要承擔部分營運成本；但當該特定區域有足夠的 5G 頻譜資源可使用時，則允許每家業者布建自有的 5G 網路</li><li>不進行競價拍賣即核發 5G 執照，而俄羅斯政府則獲得合資公司的股份作為回報；此外，該草案亦提及推動釋出電視服務使用之 700MHz 頻段（694-790MHz）供 5G 使用</li></ul>

資料來源：俄羅斯數位發展、電信和大眾傳播部，資策會 MIC 經濟部 ITIS 研究團隊整理，2021 年 9 月

（三）紐澳

1.澳洲

澳洲消費者資料權法（Consumer Data Right）

項目	內容
願景或目標	消費者可以選擇與其值得信賴的金融機構之間進行安全數據共享，提高消費者在產品和服務之間進行比較和切換的能力。鼓勵服務提供商之間的競爭，為客戶提供更優惠的價格
主要內容	<ul><li>消費者有權獲得和分享存於金融機構個人資訊</li><li>允許消費者對金融機構提供的產品進行金融機構同業間比較，如：不同銀行發行的房貸商品</li><li>消費者有權力不參與資訊分享，如：決定不與第三方共享金融訊息</li><li>CDR 旨在使消費數據為消費者提供益處，而不只是為大型機構提供服務</li><li>通過2021年9月澳大利亞議會通過的開放銀行立法將開放銀行寫入其消費者數據權利（CDR）法中，從 2020年7月1日起，消費者可以指示澳大利亞的主要銀行提供信用卡和借記卡，存款和交易帳戶數據</li></ul>

資料來源：澳洲消費者資料權法，資策會 MIC 經濟部 ITIS 研究團隊整理，2021 年 9 月

擬定強制性的法規（Mandatory Code）

項目	內容
願景或目標	要求使用澳洲當地媒體機構新聞的數位平台支付新聞授權費，成為全球首個對此制訂強制性法規的國家
主要內容	<ul><li>有鑑於 Google、Facebook 等具有市場主導地位的大型數位平台對於新聞產業影響甚鉅，澳洲政府認為應提高獲取新聞來源的透明度，使媒體業者獲取合理的收益</li><li>2021 年 9 月 20 日，澳大利亞政府宣布已指示 ACCC 制定強制性的行為準則，以解決澳大利亞新聞媒體企業與 Google 和 Facebook 各自之間的議價能力失衡問題</li><li>澳洲政府已與澳洲競爭與消費者委員會（Australian Competition and Consumer Commission, ACCC）共同研擬強制性法規，草案預計於 2020 年 7 月底發布</li></ul>

資料來源：ACCC，資策會 MIC 經濟部 ITIS 研究團隊整理，2021 年 9 月

資料可用性及透明度法案（Data Availability and Transparency Bill 2020）

項目	內容
願景或目標	2020年12月9日提交至澳大利亞國會，並已完成一讀及二讀。該法案旨在建立一個新的公部門資料共享方案，將原先未開放的公部門資料，透過本法案所設計的共享公部門資料相關管理制度，以促進公部門資料的可存取性及保障措施的一致性，藉此提高公部門資料透明度和大眾利用公部門資料的信心
主要內容	<ul><li>資料共享機制由作為「資料保管者」（Data custodians）的各聯邦部門和州政府，自行或透過「被認證的資料服務提供者」（Accredited data service provider，下稱ADSP）共享其所保管的政府資料，使「被認證的利用者」（Accredited user，下稱利用者）得以利用之</li><li>授權獨立監管機構「國家資料委員」（National Data Commissioner），負責認證ADSP及可利用共享資料之利用者，並監管所有的資料共享計畫，以及提供諮詢、指導和倡導資料共享計畫的最佳方案</li><li>該法案要求資料保管者必須在符合資料共享要件的情況下，才能共享資料，要件包含： （1）資料共享目的：係指該法案只允許資料保管者基於「提供政府服務」、「通知政府政策和計畫」、「研究與開發」等三個目的分享資料。倘涉及國家安全及犯罪調查等需要特殊監督利用機制的政府資料，則不包含在內 （2）資料共享原則：包含符合公共利益或道德評估之計畫；具備適合共享資格的人員；安全環境；資料最小化；合目的產出等五個原則 （3）資料共享協議：資料保管者與利用者之間，必須簽定「資料共享協議」，該法案有規定資料共享協議的應記載條款</li></ul>

資料來源：資策會科法所，資策會MIC經濟部ITIS研究團隊整理，2021年9月

2. 紐西蘭

紐西蘭可信賴的 AI 指導原則（Trustworthy AI in Aotearoa AI Principles）

項目	內容
願景或目標	提供簡潔有力的人工智慧參考點，以幫助大眾建立對紐西蘭人工智慧的開發和使用的信任，此份 AI 指導原則對政府具有重要的參考價值
主要內容	<ul><li>適用紐西蘭及其他相關管轄地包含科克群島、紐埃、托克勞、南極羅斯屬地法律</li><li>須保護紐西蘭國內法及國際法所規範的人權</li><li>須保障懷唐伊條約中毛利人的權利</li><li>民主價值觀包含選舉的過程和在知情的情況下進行公眾辯論</li><li>平等和公正的原則，要求人工智慧系統不會對個人或特定群體造成不公正地損害、排斥、削弱權力或歧視</li><li>AI 利益相關者須確保人工智慧系統及資料的可靠、準確及安全性，並在人工智慧系統的整個生命週期中，保護個人隱私以及持續的識別和管控潛在風險</li><li>人工智慧系統的運作應是透明的、可追溯的，並在一定的程度上具可解釋性，在面對責問時能夠被解釋且經得起質疑</li><li>AI 利益相關者，應該對人工智慧系統及其產出進行適當的監督。在利益相關者確定適當的問責制度和責任之前，不應使用會對個人或群體造成傷害的技術</li><li>AI 利益相關者應在適當的情況下設計、開發和使用人工智慧系統，盡可能促進紐西蘭人民和環境的福祉，像是健康、教育、就業、可持續性、多樣性、包容性以及對懷唐伊條約獨特價值的認可</li></ul>

資料來源：紐西蘭人工智慧論壇協會，資策會 MIC 經濟部 ITIS 研究團隊整理，2021 年 9 月

（四）東南亞

1. 越南

國家數位化轉型計畫

項目	內容
願景或目標	<ul><li>計畫近期至 2025 年，遠期展望至 2030 年</li><li>在發展數位政府、數位經濟、數位社會的同時，還關注建設具有全球競爭力的數位企業</li></ul>
主要內容	<ul><li>發展數位化政府，提高政府運作效率和效力</li><li>進一步完善國家資料庫，包含住宅、土地、商業登記、金融、保險等領域，實現全國範圍內資訊共用，為建設電子政務打下基礎</li><li>到 2030 年，透過包括移動設備在內的各種工具提供 100%四級線上公共服務</li><li>普及光纖寬頻互聯網服務和 5G 移動網路服務</li><li>加強推廣，使擁有電子支付帳戶的人口超過 80%</li></ul>

資料來源：越南政府門戶網，資策會 MIC 經濟部 ITIS 研究團隊整理，2021 年 9 月

2. 馬來西亞

馬來西亞 MyDigital 計畫

項目	內容
願景或目標	MyDIGITAL 藍圖代表了過去提出過的各種重新審視的計畫，以及旨在推動馬來西亞數字經濟的新計畫
主要內容	<ul><li>第一階段為 2021 至 2022 年，目標為增進數位應用接受程度</li><li>第二階段為 2023 至 2025 年，目標為推動數位轉型</li><li>第三階段為 2026 至 2030 年，目標成為地區數位與資安領域的領導者</li><li>未來十年內將投入 150 億馬幣（約 1,110 億元新臺幣）於 5G 科技基礎建設</li><li>將雲服務作為重要重點，增加本地數據中心以提供高端雲計算服務，並在聯邦和本地推動「雲優先」戰略</li><li>未來五年內培養超過 20,000 名網路安全人才</li></ul>

資料來源：IDC，資策會 MIC 經濟部 ITIS 研究團隊整理，2021 年 9 月

境外數位服務消費稅

項目	內容
願景或目標	為本地業者在數位技術領域的公平競爭提供條件，使其與外國公司公平競爭
主要內容	<ul><li>從 2021 年 9 月 1 日開始，包括各類線上應用程式、音樂、影音、廣告、遊戲等境外數位服務業者，必須在馬來西亞繳納 6%的數字服務稅（DST）</li><li>年營業額超過 500,000 林吉特（12 萬美元）的企業有義務支付 DST</li><li>投資者應持續追蹤馬來西亞在數位服務方面的監管政策，以保持合法性</li><li>同樣有實施數位稅的國家還包括澳洲（10%）、挪威（25%）和南韓（10%）等</li></ul>

資料來源：東協新聞官網，資策會 MIC 經濟部 ITIS 研究團隊整理，2021 年 9 月

3. 新加坡

研究、創新與企業 2025 計畫（RIE2025）

項目	內容
願景或目標	全球數位格局繼續快速發展，COVID-19 加速了跨部門的數位化，對數位平台、軟體、硬體和服務的需求增加。在 RIE2025 中，智慧國家和數位經濟（SNDE）領域將繼續支持戰略性和新興技術的發展，加強產業數位轉型。目標是實現新加坡的智慧國家雄心，並利用數位經濟加速成長
主要內容	• 未來 5 年將投入 250 億星元，持續強化星國的創新與研發能力，經費比過去同期高出 3 成，每年的投資金額占星國國內生產總值的 1% • 預算的四分之一將用於擴大現有的 4 個重點研究領域，即製造業、健康、永續發展和數位經濟，以因應星國的新發展需求 • 三分之一預算將用以支持基礎科學研究，包括量子科技研究等領域，並吸引更多國際頂尖人才加入 • 預算中的 37.5 億星元留給「白色空間」（white space），其用途不定，讓政府能配合科學和科技發展，隨時進行必要投資 • 擴大平台推動技術轉化，增強企業創新能力，豐富科學技術基礎

資料來源：新加坡政府，資策會 MIC 經濟部 ITIS 研究團隊整理，2021 年 9 月

服務與數位經濟技術藍圖

項目	內容
願景或目標	在新加坡資訊通信媒體發展局（Info-communications Media Development Authority，IMDA）於 2019 年 1 月 28 日提出，希望藉由此藍圖帶動各產業領域的創新與轉型
主要內容	• 檢視未來 3 至 5 年的數位技術環境，並提出 AI、自然技術介面（Natural Technological Interfaces）、無代碼開發工具（Codeless Development Tools）、人為合作、混合雲&多雲的雲端發展、API 經濟及區塊鏈等 9 大關鍵技術趨勢 • 推行服務 4.0：整合 AI、大數據、沉浸式體驗及物聯網等新興技術並應用於未來服務，以達到點對點、平順，且透過自主預測滿足客戶需求的智慧服務（服務 4.0）

資料來源：IMDA，資策會 MIC 經濟部 ITIS 研究團隊整理，2021 年 9 月

數位政府藍圖

項目	內容
願景或目標	規劃政府應用數位科技改變公共服務提供模式，並圍繞著兩個主要原則：第一是政府必須完全數位化，透過數據與運算，改變政府服務人民和企業的方式；第二是數位政府仍需「用心去服務民眾」，不因採用數位科技而減少政府提供服務過程中的人情味，而是透過數位科技使政府與人民的互動體驗更多元豐富
主要內容	• 以民眾及企業需求為基礎，設計、建構並整合服務 • 強化政策執行與科技的整合：如運用資料科學、人工智慧、物聯網改造公共服務 • 建立共用數位與數據平台，讓所有政府機構可共享數位設施及服務，並訂定資料標準資料流通架構，確保數位服務的可用性 • 建立高安全性、可用性的數位服務系統，保障民眾與企業的資料安全 • 提升公員基數位能力以追求創新，強化 ICT 基礎設施，以及科學、AI 及網路安全等數位能力，培養追求創新的數位人才 • 政府與民間共同合作解決公共問題，以便提供符合其需求的服務，並透過公私協力建立創新服務

資料來源：新加坡政府，資策會 MIC 經濟部 ITIS 研究團隊整理，2021 年 9 月

Stay Healthy Go Digital 計畫

項目	內容
願景或目標	為因應 COVID-19，於 2020 年 3 月底推出，加寬母計畫 SMEs Go Digital 補助範圍
主要內容	<ul><li>積極協助受疫情影響較大的零售餐飲業者數位轉型</li><li>加大補助金額：將線上工作協作系統、虛擬會議與聯繫系統等加入補助範圍，也將原訂 70%的生產力提升補助拉高至 80%</li><li>開創完整數位轉型解決方案總目錄，不僅供中小企業參照，亦讓各輔導中心順勢推廣數位轉型意識，政府除邀請銀行業者協力評估中小企業合適的方案，也歡迎業者從總目錄中自行選擇欲合作的對象</li><li>在疫情影響下，協助企業能更清楚並加快採用滿足其需求的解決方案，加深和增強數位能力，以便實現最終營運復原</li></ul>

資料來源：新加坡政府，資策會 MIC 經濟部 ITIS 研究團隊整理，2021 年 9 月

中小企業數位化計畫（SMEs Go Digital Programme）

項目	內容
願景或目標	新加坡企業發展局（ESG）、資通訊媒體發展管理局（IMDA）與數位化計畫的產業合作夥伴，共同協助中小企業推動數位化。目標是降低中小企業參與數位轉型的門檻，以達中小企業全面數位化的願景
主要內容	<ul><li>IMDA 提供資料分析、網路安全和物聯網等相關較先進領域中小業者專業建議，至於一般中小企業仍可向現有中小企業中心（SME Centres）索取由 IMDA 認證的現成科技方案</li><li>SME Digital Tech Hub 亦將協助中小企業和科技與諮詢業者建立聯繫，主辦工作坊和研討會，以提升中小企業數位科技能力</li><li>IMDA 將依據產業轉型藍圖（Industry Transformation Maps），推出各行業領域制定產業數位化藍圖（Industry Digital Plans）</li><li>IMDA 將扮演首席資訊官（CIO）角色，協調不同行業數位化發展藍圖，確保不同領域間互通性</li><li>為加快中小企業數位轉型步伐，先針對零售業、物流業、食品服務業和清潔業等部分行業輔導企業轉型，以為其他行業業者鋪路</li><li>IMDA 亦將加強與具影響力的大型企業合作，整合可讓中小企業受益的數位科技方案配套</li><li>中小企業可至新加坡企業局成立的中小企業中心尋求諮詢，如只需基礎轉型需求，業者可進一步藉數位產業計畫了解所需要的轉型解決方案，並透過生產力解決方案補助以達轉型成功</li><li>另外，也可尋求由內部專家或政府聘請的數轉專案經理人協助，一旦經理人認定中小企業所提出的新轉型解決方案需求是可推廣擴散，會將此新方案納入領航計畫，以滿足該產業的新需求，成為生產力提升計畫的固定補助政策</li></ul>

資料來源：IMDA，資策會 MIC 經濟部 ITIS 研究團隊整理，2021 年 9 月

Start Digital Pack 數位轉型方案

項目	內容
願景或目標	針對新成立的中小企業，2019 年開始推出數位啟程計畫（Start Digital），並提供 Start Digital Pack 數位轉型方案，以達快速轉型成功目標
主要內容	• Start Digital Pack 的產業合作夥伴，包括 DBS Bank、Maybank、OCBC Bank、Singtel、StarHub 和 UOB 等 6 家銀行或電信公司 • 提供的解決方案，涵括會計和財務、人力資源管理系統和薪資、數位營銷、數位交易，以及網路安全等 5 大類數位工具 • 主要目的為降低新創企業邁入數位化的門檻，加速企業轉型

資料來源：新加坡政府，資策會 MIC 經濟部 ITIS 研究團隊整理，2021 年 9 月

區塊鏈創新計畫（Singapore Blockchain Innovation Programme）

項目	內容
願景或目標	新加坡區塊鏈創新計畫（SBIP）由該國國家研究基金會（NRF）出資 1,200 萬新幣（折合約 2.5 億元新臺幣）打造，並獲得新加坡企業發展局（ESG）、資訊通信媒體發展管理局（IMDA）、新加坡金融管理局（MAS）等多方支持。因此希望藉由 SBIP 這項全國性計畫，整合區塊鏈技術研究與產業需求，以促進更廣泛的開發、商業化、實際應用
主要內容	• 由新加坡企業發展局(ESG)、資訊通信媒體發展局(IMDA)以及國立研究基金會(NRF)聯合推出，包括跨國企業、大型企業和資訊通信科技公司在內近 75 家企業將在未來三年構思 17 項區塊鏈相關專案 • ESG 與新躍社科大學(SUSS)合作推出「區塊鏈互通互聯網路」(Blockchain for Trade & Connectivity Network)，為多模式全球供應鏈業者、數位交易平臺和科技專才提供一個推動創新和嘗試區塊鏈解決方案的共享平臺 • 加速推動創新的商業解決方案，協助新加坡企業與國際更緊密聯繫，並更具競爭力

資料來源：經濟部國貿局，資策會 MIC 經濟部 ITIS 研究團隊整理，2021 年 9 月

支付服務法修正案（Payment Services (Amendment) Bill）

項目	內容
願景或目標	於 2021 年 1 月 4 日通過，擴大監管範圍，以降低與數位支付型代幣有關的洗錢、資助恐怖主義及隱匿非法資產風險
主要內容	<ul><li>賦予新加坡金融管理局（Monetary Authority of Singapore, MAS）更大權責，可要求支付服務供應商落實相關客戶保護措施，例如要求數位支付型代幣服務供應商所保管之資產與自有資產分開存放，以確保客戶資產不受損失</li><li>將虛擬資產服務供應商（virtual assets service providers）納入法規監管，擴大數位支付型代幣服務定義，使其包括代幣轉讓、代幣保管服務與代幣兌換服務</li><li>擴大跨境匯兌服務（cross-border money transfer service）定義，凡是與新加坡支付服務供應商進行資金轉移，不論資金是否流經新加坡，皆受新加坡金融管理局監管</li><li>擴大國內匯款服務（domestic money transfer service）範圍，以涵蓋收付雙方均為金融機構之情形</li></ul>

資料來源：新加坡國會，資策會 MIC 經濟部 ITIS 研究團隊整理，2021 年 9 月

（五）東亞

1. 日本

以數位轉型構築新社區及新社會

項目	內容
願景或目標	希冀於後新冠病毒（COVID-19）疫情時代建構高品質之日本經濟及社會，並藉由加速數位轉型活絡日本地方經濟，以消弭疫情影響所致損失
主要內容	<ul><li>加速數位轉型打造「數位新生活」：於保障網路安全之際，加速建設中央及地方數位政府以提升施政效率，同時以高品質之資通訊基礎設施協助民眾進行遠端辦公、遠距教學及遠距醫療等</li><li>協助地方經濟於COVID-19疫情中復甦：隨著回鄉意識漸興，日本政府將藉此實施去中心化措施，協助疏散東京等大城市聚集之人力資源回鄉，促進日本地方特色經濟發展</li><li>強化防災、滅災及國土復原力：政府將適時提供災害防護援助，並協助災害頻繁區域之民眾遷至安全居所，同時宣導防災資訊以加強民眾防災意識，並提升國土安全及韌性</li><li>確保地方政府財政基礎穩健以支持經濟及社會發展：相關行政當局應制定應變措施阻止COVID-19疫情擴散，確保地方政府行政及財政基礎穩健，以實現完善之社會及經濟發展</li><li>確保永續運作之社會基礎：為了確保疫情影響下社會能持續穩定發展，政府將穩固各項社會基礎運作，包括郵政服務、社會福利制度、社會經濟統計調查、改善行政效率並推廣公民教育等</li></ul>

資料來源：日本總務省，資策會MIC經濟部ITIS研究團隊整理，2021年9月

基礎建設之數位轉型政策

項目	內容
願景或目標	COVID-19 疫情突顯出日本 ICT 基礎建設不足和亟需數位轉型之問題，為此於 2021 年 2 月 9 日公布該法，國土交通省積極促進各省基礎設施領域的數字化轉型，以提高非接觸／遠程工作方式之便利性與安全性
主要內容	<ul><li>第一部分強調透過行政程序數位化及網路化，藉以提升效率並加強管理效能，並且提供運用數位生活中各項服務，以增加生活之便利與安全</li><li>第二部分說明為實現安全與舒適之勞動環境，減少人工作業之負擔，未來欲活用 AI 與機器人，使施工作業與技術建設達到無人化，並透過數位化提高專業技術學習效率以培育相關人才</li><li>第三部分聚焦於調查、監督檢查領域，如公路、鐵路、河川及機場之檢修，利用資料分析與自動化機械提升日常管理及檢修效率</li><li>為順利推行以上數位轉型政策，必須建構能支援數位化的社會。因此，未來除須結合智慧城市等數位創新政策，利用資料以具體化社會課題之解決方針外，亦須針對作為數位轉型基礎之 3D 資料進行環境整備，以利數位轉型之推動</li></ul>

資料來源：日本交通省，資策會 MIC 經濟部 ITIS 研究團隊整理，2021 年 9 月

數位社會形成基本法

項目	內容
願景或目標	2021年2月9日正式提出草案，5月12日通過，目的為提升國家競爭力、國民生活便利性，以建置一個「數位社會」，將有助於提升國際競爭力與國民便利性，因應少子化、高齡化與其他重要課題，使日本國內經濟健全發展，幫助國民幸福之實現
主要內容	<ul><li>政府應在使用先進的資訊和通信網路以及確保使用資訊和通訊技術利用資訊的機會方面迅速採取集中措施。</li><li>政府應在教育和學習促進、人力資源開發、促進經濟活動、企業管理效率，業務複雜性和生產力提高方面迅速採取的措施</li><li>通過使用先技術提高人們整個生活中各種服務的價值</li><li>振興當地經濟，在該地區創造有吸引力和多樣化的就業機會</li><li>製定數位社會形成措施時，可以快速，安全地交換資訊（各實體安裝的數位系統，以交換和共享資訊），維護資訊系統和標準化數據</li><li>數位社會之定義係指藉由先進資通訊技術，適當有效活用各式各樣大量之電磁記錄資訊，使各領域均得創新蓬勃發展之社會</li><li>數位社會形成之理念係為了使國民生活能切實感受到寬裕和富足，實現國民得安全安心生活之社會，降低數位落差，並確保在數位社會下，個人與法人權利以及其他法律所保護之利益</li><li>國家須制定數位社會形成之政策，具體包含確保高度資訊通訊網路與資通訊技術之可及性、整合國家與地方自治團體資訊系統、使國民得活用國家與地方自治團體之資訊、建立公部門基礎資訊資料庫、確保資通安全等</li><li>為形成數位社會，明定國家、地方政府及企業之相關責任義務</li><li>依數位廳設置法設置由內閣管轄之數位廳，並制定數位社會形成相關之重點計畫</li><li>廢止高度資通訊網路社會形成基本法（IT 基本法），以數位社會形成基本法為新資通訊技術戰略</li></ul>

資料來源：日本國會，資策會 MIC 經濟部 ITIS 研究團隊整理，2021年9月

ICT 基礎設施區域發展總體計畫 3.0

項目	內容
願景或目標	為迎向 Society5.0 時代，藉由活用 ICT 基礎設施解決地方課題的重要性日益提高，啟動 5G 和 ICT 基礎設施整備以及促進 5G 運用的策略，以加速在全國範圍啟動 ICT 基礎設施布建工作
主要內容	<ul><li>條件較差地區的覆蓋範圍整備（基地臺布建）</li><li>5G 等先進服務普及化</li><li>鐵路／道路隧道的電波遮蔽對策</li><li>光纖整備</li><li>以期在 2023 年年底（Reiwa 5）啟動，以整合和有效利用 ICT 基礎設施，並盡快在全國範圍內進行擴展</li></ul>

資料來源：日本總務省，資策會 MIC 經濟部 ITIS 研究團隊整理，2021 年 9 月

TOKYO Data Highway 基本戰略

項目	內容
願景或目標	<ul><li>透過 5G 技術創造新產業、增強都市競爭力，以解決少子化、高齡化，及環境或其他社會問題</li><li>整合東京市政府與電信業者的知識與經驗，達到東京成為世界區域性 5G（Local 5G）技術最先進城市的目標</li></ul>
主要內容	<ul><li>為鼓勵業者搭建天線或基地台，政府將採用一站式服務（單一窗口）簡化申請流程，並開放東京公共資產如建築、公園、道路、巴士站、捷運出入口、交通號誌等空間供業者使用</li><li>於教育、醫療、防災、自駕車、虛實整合與遠距工作等領域，制定適合東京的區域性 5G 應用</li><li>引入 MaaS 和自動駕駛系統來減少交通擁堵，減少交通事故</li><li>利用 AI、物聯網、機器人等提高人均生產率，發展遠程醫療和機器人護理技術，應對人口下降</li><li>利用無人機進行基礎設施檢查，發展 AI 損害預測</li><li>提高資通訊技術教育和遠程學習等教育質量，並確保學習機會</li><li>全力發展重點區域性 5G 應用，包括 2020 年世界焦點的「東京奧運會場」；居民眾多且距離東京市政府較近，容易以政策引導促進區域性 5G 應用的「西新宿」；擁有尖端資通訊研究設備以研究區域性 5G 應用的「東京都立大學」等</li></ul>

資料來源：東京戰略政策情報推進部，資策會 MIC 經濟部 ITIS 研究團隊整理，2021 年 9 月

物聯網實證計畫

項目	內容
願景或目標	推動日本物聯網規格成為國際標準
主要內容	• 日本經濟產業省將提供經費補助，擴大進行實證研究，以加速推廣物聯網至各產業領域 • 具體作法是利用智慧工廠（可自機器上的感應器蒐集資訊以提高生產效率）、人工智慧（不需成本即可計算出最快速的生產方法）等技術，建立城鎮間的工廠可共享資訊，以攜手接單及生產之系統，並藉以推動做為國際標準

資料來源：日本經濟產業省，資策會 MIC 經濟部 ITIS 研究團隊整理，2021 年 9 月

73.6 兆日圓刺激方案

項目	內容
願景或目標	日本政府於 2020 年 12 月 8 日宣布，日本將編列新 73.6 兆日圓（相當於 7,080 億美元）經濟刺激計畫，以加快景氣復甦步伐
主要內容	• 新冠病毒感染擴大防治：財政支出 5.9 兆日圓，事業規模 6 兆日圓 • 數位化與零碳排放等成長戰略：財政支出 18.4 兆日圓，事業規模 51.7 兆日圓 • 防災、減災等國土強韌化：財政支出 5.6 兆日圓，事業規模 5.9 兆日圓 • 預備費：財政支出 10 兆日圓，事業規模 10 兆日圓 • 合計：財政支出 40 兆日圓，事業規模 73.6 兆日圓 • 改變營運模式的中小企業將可獲得最高達 1 億日圓補貼 • 約有 1 兆日圓將用來推動公立學校數位化轉型

資料來源：日本首相官邸，資策會 MIC 經濟部 ITIS 研究團隊整理，2021 年 9 月

世界最尖端IT國家創造宣言・官民資料活用推進基本方針

項目	內容
願景或目標	<ul><li>為集中因應日本社會持續邁向超高齡少子化之下，諸如經濟再生、財政健全化、地域活性化、社會安全安心等議題，指定8大領域（①電子行政②健康、醫療、介護③觀光④金融⑤農林水產⑥製造⑦基礎建設、防災、減災等⑧行動）為重點，視2020年為一個階段驗收點的前提下，未來將著眼於橫跨領域的資料協作，推展各領域應採取的重點措施</li><li>希望成為世界最安全的自動駕駛社會、在各大國際IT相關評比上獲得最佳排名</li></ul>
主要內容	<ul><li>由首相官邸於2017年5月決議完成，取代過去自2013年推行的「世界最尖端IT國家創造宣言」</li><li>打造電子行政的數位政府：遵循無紙化以及「Cloud by Default」原則，施行政府資訊系統改革、以服務為出發點的業務流程再造、行政手續化簡與網路化，期望在2021年使行政成本達到1,000億日圓的削減</li><li>推動「Open by Design」發展、各領域資料公開、官民間的資訊流通</li><li>建置跨領域資料協作的平台，包含資料標準化、推廣銀行體系API、農業資料協作、中央及地方各團體對災害情報的共享等</li><li>促進日本與美國、歐盟及亞太地區、G7等各國間資料流通、協作</li><li>確保離島等基礎設施條件較低落地區之超高速寬頻、網路和電信訊號的易達性</li><li>培育人工智慧、物聯網與資安人才、普及程式設計教育</li><li>以人工智慧推動高品質、個人化的醫療照護，開發多語言聲音翻譯技術並進行導入實證</li><li>推廣分享經濟、遠距工作</li></ul>

資料來源：日本首相官邸，資策會MIC經濟部ITIS研究團隊整理，2021年9月

2. 韓國

南韓智慧電網主要發展重點

項目	內容
願景或目標	<ul><li>藉由建置充電基礎建設與發展商業模式，帶動發展南韓電動車產業</li><li>知識經濟部提出智慧電網之國家發展藍圖，智慧電網試驗與運行計畫於2020年完成，到2030年達到全國普及</li></ul>
主要內容	<ul><li>智慧電網示範地點為濟州島，示範內容包括電動車相關基礎建設、節能住宅與再生能源等。政府與民間共同出資，計畫預定於2011年先設置200處電動車充電所</li><li>知識經濟部預計要在2030年前增設27,000處電動車充電服務場所，屆時南韓國內電動車將達240萬台。此外政策上則是提升再生能源供電比例，並提高其輸入大電網之穩定性。發展儲能裝置，以建構新的電力交易系統</li><li>使用電端與供電端之電力供需資訊能雙向溝通，以及電力系統具備即時監控與自動修復能力；並促進用戶進行用電管理、新電價機制的建構與賦予用戶多樣化供電來源之選擇權等</li></ul>

資料來源：韓國知識經濟部，資策會MIC經濟部ITIS研究團隊整理，2021年9月

2021年智慧村計畫（Smart Village）

項目	內容
願景或目標	MSIT推動2021年智慧村（Smart Village）計畫，首選全羅南道新安郡、慶尚南道昌原市、全羅南道長城郡與廣尚南道巨濟市等4處進行開發，並選定忠清北道清洲市為推廣地區。期能縮小城鄉差距，未來將繼續開發與擴展符合各地居民需求之智慧服務，解決問題並改善居民生活
主要內容	• 監測非法捕撈章魚：藉由無人機與人工智慧影像識別技術，以及智慧型閉路電視（CCTV）來進行監測曳引車：結合農村機械運作資料蒐集系統，透過蒐集裝置的資料與地理位置等基礎服務，在事故發生當下可即時回應，並推動智慧行動安全服務 • AI智慧城市：利用人工智慧技術挑選番茄、蘋果等多種農產品之大小與品質，以增加居民收入，並運用擴增實境（Augmented Reality, AR）提供旅遊服務 • 智慧老人照顧服務與智慧停車服務 • 自主作業曳引機：推廣自主作業曳引機普及化，並建立遠距管理系統，以改善該市農村工作環境

資料來源：MSIT，資策會MIC經濟部ITIS研究團隊整理，2021年9月

可靠的AI實施策略

項目	內容
願景或目標	為避免企業、研究人員等在開發AI產品與服務的過程中損害大眾權益，MSIT明確訂定AI信任賴確保標準，以確保民間部門採取AI之可靠度
主要內容	• 營造可靠的AI實施環境：包含建立AI產品與服務的信任確保系統支持民間部門開發與確保AI可靠度；開發可靠的AI技術 • 奠定安全使用AI之基礎：包含提高機器AI學習數據的可靠性；促進用戶對高風險AI的信任；實施AI影響評估；改善系統以強化對AI的信任 • 向社會傳遞健全的AI意識：包含加強AI倫理教育；制定自我檢查清單／自我檢查表；建立倫理政策平台

資料來源：MSIT，資策會MIC經濟部ITIS研究團隊整理，2021年9月

人工智慧（AI）國家戰略

項目	內容
願景或目標	• 該戰略旨在推動韓國從「IT強國」發展為「AI強國」，制定包括產業推動、教育、行政、工作革新等政府層面的「AI國家戰略」，計劃在2030年將韓國在人工智慧領域的競爭力提升至世界前列 • 達成數位競爭力世界前3名、透過AI創造高達455兆韓元的智慧經濟產值、世界前10名的生活品質等三大目標
主要內容	• 構建引領世界的人工智慧生態系統，成為人工智慧應用領先的國家，實現以人為本的人工智慧技術 • 在人工智慧生態系統構建和技術研發領域，韓國政府將爭取至2021年全面開放公共數據，到2024年建立光州人工智慧園區，到2029年為新一代存算一體人工智慧晶片研發投入約1萬億韓元 • 集中培育人工智慧創業公司，並為人工智慧初創企業發展提供管制放寬、完善法律服務等各方面的支持 • 為建構AI生態系統，政府將擴展AI基礎設施及確保AI半導體技術安全，並預計於2020年為AI領域的創新制定《綜合監理藍圖》以整頓法律制度 • 為鼓勵AI創業，將籌募「AI投資基金」，並舉辦全球AI創業交流的「AI奧運會」 • 教育方面，政府將建立適用所有年齡及職業、專門培養AI基本能力的教育系統，擴大AI研究課程，將AI編入小學至高中的基礎課程，並允許AI相關學科之學校教授在公司任職 • 政府還針對AI可能引發的道德問題研擬「AI道德規範」，並計劃建立跨部會合作及品質管理機制，以解決各種新型問題並驗證AI的安全性

資料來源：韓聯社，資策會MIC經濟部ITIS研究團隊整理，2021年9月

南韓 ICT 雲端運算發展計畫
(K-ICT Cloud Computing Development Plan)

項目	內容
願景或目標	- 第一階段（2016-2018 年）：將國家社會 ICT 基礎設施移到雲端，促進南韓雲端產業發展動能；雲端運算的使用率從目前的 3%成長到 2018 年 30%，並將致力於在未來三年創造新的雲端運算市場，以鞏固產業地位 - 第二階段（2019-2021 年）：目標在 2021 年韓國成為雲端產業的領先者
主要內容	- 發展以雲作為新型態服務的 ICT 基礎設施，使創意經濟和 K-ICT 戰略及「以軟體為基礎的社會」的目標得以實現。雲將成為實現政府 3.0，即開放、共享、交流和協作的核心價值的關鍵基礎設施，有助於促進機構之間資訊共享和創造開放的溝通和無障礙政府 3.0 的基礎 - 促進雲端產業發展的三大策略，包括公共部門積極主動地採用雲端運算、私營部門增加使用雲；構建雲端產業發展生態系統

資料來源：韓國未來創造科學部，資策會 MIC 經濟部 ITIS 研究團隊整理，2021 年 9 月

2021 年度政府 5G 三大重點促進政策

項目	內容
願景或目標	推出三大重點促進政策：「2021 年度 5G+戰略推動計畫」、「5G 專網政策方案」及「以 MEC 為基礎之促進 5G 融合服務方案」
主要內容	- MSIT 於「2021 年度 5G+戰略推動計畫」中規劃三大方向：推動全國 5G 網路早期布建；開發與普及 5G 領先服務以活化 5G 融合服務；持續搶攻全球 5G 市場 - 在「5G 專網政策方案」中，MSIT 規劃優先釋出 28GHz 頻段（28.9-29.5GHz）共 600MHz 頻寬，並宣布於 2021 年 3 月制定頻率分配對象之區域劃分、釋出方式、頻率使用費及干擾排除方案等具體細部規定 - 而「以 MEC 為基礎之促進 5G 融合服務方案」則揭示三大目標：先行投資以領先 5G 市場；建立市場參與基礎以活化 5G 生態；及連接上下游產業以提升競爭力

資料來源：MSIT，資策會 MIC 經濟部 ITIS 研究團隊整理，2021 年 9 月

2028 年 6G 服務商業化

項目	內容
願景或目標	為迎接即將來臨之 6G 行動通訊時代，韓國政府與民間共同推進 6G 技術發展，以 2028 年實現 6G 服務商業化為目標
主要內容	• LG 與韓國科學技術院（Korea Advanced Institute of Science and Technology, KAIST）於 2019 年 1 月成立 LG Electronics-KAIST 6G 研究中心，為第六代（6G）無線網路開發核心技術 • 韓國科學與資通訊技術部已選定的 14 個戰略課題中把用於 6G 的 100GHz 以上超高頻段無線器件之研發列為「首要」 • 三星電子公司與 SK 電訊在 2019 年 6 月中旬宣布合作開發 6G 核心技術並探索 6G 商業模式，並且把區塊鏈、6G、AI 作為未來發力方向 • 2019 年 7 月，韓國科學技術情報通信部（Ministry of Science and ICT, MSIT）舉辦中長期 6G 研究計畫之公聽會，與通訊業者、大學等機構討論 6G 基礎設施和新技術開發業務之目標與方向，預計 2021 年至 2028 年展開 6G 核心技術研發並投入約 9,700 億韓元資金，目標使韓國於 2028 年成為首個實現 6G 服務商業化的國家

資料來源：韓聯社，資策會 MIC 經濟部 ITIS 研究團隊整理，2021 年 9 月

韓國半導體戰略（K-Semiconductor Strategy）

項目	內容
願景或目標	未來十年計劃投入約 510 兆韓元（4,500 億美元），在南韓打造全球最大的晶片製造基地，成為全球的記憶體與非記憶體晶片巨擘
主要內容	• 政府將研擬規模 1.5 兆韓元的預算，支持業者開發下一代半導體與人工智慧（AI）晶片，包括指定半導體為「國家創新戰略科技」提高大公司的半導體研發投資額可抵稅比重，從目前的 30%拉高到 40%，最高更可抵扣 50%，其他相關設施支出可扣抵 10%-20%的稅 • 政府和國營的韓國電力公司（KEPCO）將負擔打造晶片產線所需電力基建的多達 50%成本 • 響應這項計畫的「半導體國家隊」共 153 家廠商。以三星電子與 SK 海力士為首的晶片商承諾，未來十年將共投資約 510 兆韓元，包括三星未來十年支出額將提高 30%至 1,510 億美元，SK 海力士也承諾將投入 970 億美元擴建現有設施 • 政府也將提供 1 兆韓元的低利貸款，鼓勵當地晶片製造商擴大設備投資，包括 8 奈米晶片產線業者，目標是到 2030 年時晶片年出口額能提高至 2,000 億美元，較 2020 年的 992 億美元增加一倍多 • 希望能在 2022 至 2031 年之間訓練出 3.6 萬名晶片專家

資料來源：韓國科學技術情報通信部，資策會 MIC 經濟部 ITIS 研究團隊整理，2021 年 9 月

延展實境（XR）經濟發展策略

項目	內容
願景或目標	為成為全球延展實境經濟的領先國家，韓國科學技術情報通信部（Ministry of Science and ICT, MSIT）於 2020 年 12 月 10 日發布「延展實境（XR）經濟發展策略」，旨在 2025 年之前創造 30 兆韓元的經濟產值，並躋身世界前 5 大 XR 經濟體
主要內容	<ul><li>隨著 XR 技術擴展至製造、醫療、教育、物流等各領域，預估至 2025 年將為全球創造約 520 兆韓元（4,764 億美元）的經濟產值</li><li>制定 3 大推動策略，並先以製造、建築、醫療、教育、物流和國防等 6 大產業作為推動 XR 技術之核心產業</li><li>策略 1：在經濟和社會領域廣泛使用 XR 技術解決問題</li><li>策略 2：擴展 XR 必要基礎設施和相關制度整備</li><li>策略 3：支持 XR 技術相關企業，以確保全球競爭力</li></ul>

資料來源：韓國科學技術情報通信部，資策會 MIC 經濟部 ITIS 研究團隊整理，2021 年 9 月

南韓未來學校發展計畫（Future School 2030 Project）

項目	內容
願景或目標	<ul><li>預計在 2030 年之前，於世宗特別自治市完成 150 間智慧校園聚落，總計共有 66 所幼稚園、41 所小學、21 所國中、20 所高中、2 所特殊學校</li><li>主要驅動政府成立資訊策略計畫 ISP 和專家小組，建置智慧教育平台。建立雲端智慧學習環境，搭載平台承載雲端運算，提供全國所有學校智慧服務</li></ul>
主要內容	<ul><li>政府預計花費 23 億美元經費，目標 2030 年實現智慧校園導入建置</li><li>補貼 5 億美元發展數位教科書，幼稚園、小學、國中、高中之總建築成本為 6,900 萬美元</li><li>超過 60 個國家參訪該計畫</li></ul>

資料來源：韓國未來創造科學部，資策會 MIC 經濟部 ITIS 研究團隊整理，2021 年 9 月

3. 中國大陸

十四五規劃（2021-2025）和 2035 年遠景目標（2021-2035）綱要草案

項目	內容
願景或目標	• 通過「十四五規劃」與「2035 遠景目標」建議，為未來 5 年乃至 15 年大陸發展擘畫藍圖 • 著眼於搶占未來產業發展先機，培育先導性和支柱性產業，推動戰略性新興產業融合化、集群化、生態化發展，戰略性新興產業增加值占 GDP 比重超過 17%
推動主軸	• 將中國大陸建設成製造強國，加強關鍵核心技術攻關力度，新一代資訊技術、新能源車、生物技術、新材料、新能源、航太、高端裝備、綠色環保、海洋裝備、智慧醫療、人工智慧、量子資訊、集成電路等產業發展 • 強調在關鍵核心技術實現重大突破，經濟實力、科技實力大幅躍升，讓中國大陸進入創新型國家前列，參與國際經濟合作和競爭優勢明顯增強 • 歷經長達三年的美中貿易戰及 COVID-19 全球大流行，兩會可能由半導體產業自主性強化，進行政策規劃重點，目前，已有北京、上海、廣東等 13 個省都公布重點推進未來五年積體電路產業規劃 • 人工智慧（Artificial intelligence, AI）：中國大陸計劃將重點放在開發 AI 應用程式的專用晶片和開源演算法。 • 量子資訊：涉及量子運算的技術類別與目前使用的電腦概念完全不同，借助量子運算技術有望實現新的壯舉，如新藥的發明 • 積體電路或半導體：半導體對中國大陸而言至關重要，過去幾年其已投入大量資金，努力追趕美國、臺灣和韓國。在其 5 年計畫中，將專注於積體電路設計工具、關鍵設備和關鍵材料之研發 • 基因學與生物技術：隨著 2020 年新冠病毒（COVID-19）疫情的爆發，生物技術的重要性日益提高，未來將專注於創新疫苗和生物安全性研究 • 太空、深層地球、深海和極地研究：太空探索是中國大陸近年的發展重點，其將專注於宇宙起源與演化研究、對火星的探索，以及深海和極地研究

資料來源：北京市經濟和信息化局，資策會 MIC 經濟部 ITIS 研究團隊整理，2021 年 9 月

中國大陸國家智慧城市（區、鎮）試點指標體系

項目	內容
願景或目標	• 住建部要求申請試點之城市應對照《國家智慧城市（區、鎮）試點指標體系》制定智慧城市發展規劃綱要，住建部則會根據此評估試點城市 • 該指標體系可分為三級指標，一級指標包含保障體系與基礎設施、智慧建設與宜居、智慧管理與服務、智慧產業與經濟等四大面向
推動主軸	• 智慧城市發展規劃綱要及實施方案、組織機構、政策法規、經費規劃和持續保障、運行管理 • 無線網路、寬頻網路、下一代廣播電視網 • 城市公共基礎資料庫、城市公共資訊平台、資訊安全 • 城鄉規劃、數位化城市管理、建築市場管理、房產管理、園林綠化、歷史文化保護、建築節能、綠色建築 • 供水系統、排水系統、節水應用、燃氣系統、垃圾分類與處理、供熱系統、照明系統、地下管線與空間綜合管理 • 決策支援、資訊公開、網上辦事、政務服務體系 • 基本公共教育、勞動就業服務、社會保險、社會服務、醫療衛生、公共文化體育、殘疾人服務、基本住房保障 • 智慧交通、智慧能源、智慧環保、智慧國土、智慧應急、智慧安全、智慧物流、智慧社區、智慧家居、智慧支付、智慧金融 • 產業規劃、創新投入 • 產業要素聚集、傳統產業改造 • 高新技術產業、現代服務業、其它新興產業

資料來源：中國大陸住建部，資策會 MIC 經濟部 ITIS 研究團隊整理，2021 年 9 月

上海市關於進一步加快智慧城市建設的若干意見

項目	內容
願景或目標	<ul><li>到 2022 年，將上海建設成為全球新型智慧城市的排頭兵，國際數位經濟網路的重要樞紐；引領全國智慧社會、智慧政府發展的先行者，智慧美好生活的創新城市</li><li>堅持全市「一盤棋、一體化」建設，更多運用互聯網、大數據、人工智慧等資訊技術手段，推進城市治理制度創新、模式創新、手段創新，提高城市科學化、精細化、智慧化管理水準</li><li>科學集約的「城市大腦」基本建成；政務服務「一網通辦」持續深化；城市運行「一網統管」加快推進；數位經濟活力迸發，新模式新業態創新發展；新一代資訊基礎設施全面優化；城市綜合服務能力顯著增強，成為輻射長三角城市群、打造世界影響力的重要引領</li></ul>
推動主軸	<ul><li>深化資料匯聚及系統集成共用，支援應用生態開放</li><li>推動政務流程革命性再造，不斷優化「互聯網+政務服務」，著力提供智慧便捷的公共服務</li><li>加強各類城市運行系統的互聯互通，提升快速回應和高效聯動處置能力水準</li><li>深化建設「智慧公安」，優化城市智慧生態環境，積極發展「互聯網+回收平台」</li><li>提升基層社區治理水準，創新社區治理 O2O 模式</li><li>聚焦雲服務、數位內容、跨境電子商務等特色領域，建設「數字貿易國際樞紐港」，形成與國際接軌的高水準數字貿易開放體系</li><li>發展智慧綠色農業，促進農產品安全和品質提升</li><li>推進工業互聯網創新發展，聚焦個性化訂製、網路化協同、智慧化生產、服務化延伸</li><li>推動 5G 先導、4G 優化，打造「雙千兆寬頻城市」</li><li>率先部署北斗時空網路，深化 IPv6 應用</li><li>推動資訊樞紐增能、智慧計算增效</li><li>切實保障網路空間安全與增強智慧城市工作合力</li></ul>

資料來源：上海市人民政府，資策會 MIC 經濟部 ITIS 研究團隊整理，2021 年 9 月

北京市加快新型基礎設施建設行動方案（2020-2022 年）

項目	內容
願景或目標	- 聚焦「新網路、新要素、新生態、新平台、新應用、新安全」六大方向 - 到 2022 年，基本建成具備網路基礎穩固、資料智慧融合、產業生態完善、平台創新活躍、應用智慧豐富、安全可信可控等特徵 - 具有國際領先水準的新型基礎設施，對提高城市科技創新活力、經濟發展品質、公共服務水準、社會治理能力形成強有力支撐
推動主軸	- 建設新型網路基礎設施，包含 5G 網路、千兆固網、衛星互聯網、車聯網、工業互聯網及政務專網 - 建設資料智慧基礎設施，如新型資料中心、大資料平台、人工智慧基礎設施、區塊鏈服務平台及資料交易設施 - 推進資料中心從「雲+端」集中式架構向「雲+邊+端」分散式架構演變 - 建設生態系統基礎設施，打造高可用、高性能作業系統，聚焦分析儀器、環境監測儀器、物性測試儀器等領域 - 發揮產業集群的空間集聚優勢和產業生態優勢，在生物醫藥、電子資訊、智慧裝備、新材料等中試依賴度高的領域推動科技成果系統化、配套化和工程化研究開發，鼓勵聚焦主導產業，建設共用產線等新型中試服務平台，構建共用製造業態 - 以國家實驗室、懷柔綜合性國家科學中心建設為牽引，打造多領域、多類型、協同聯動的重大科技基礎設施 - 支援一批創業孵化、技術研發、中試試驗、轉移轉化、檢驗檢測等公共支撐服務平台建設 - 建設智慧應用基礎設施，包括智慧政務、智慧城市、智慧民生、智慧產業應用，並為傳統基礎設施及中小企業賦能 - 建設可信安全基礎設施及行業應用安全設施，支持開展 5G、物聯網、工業互聯網、雲化大數據等場景應用的安全設施改造提升 - 綜合利用人工智慧、大數據、雲計算、IoT 智慧感知、區塊鏈、軟體定義安全、安全虛擬化等新技術，推進新型基礎設施安全態勢感知和風險評估體系建設，整合形成統一的新型安全服務平台

資料來源：北京市人民政府，資策會 MIC 經濟部 ITIS 研究團隊整理，2021 年 9 月

北京市 5G 產業發展行動方案（2019 年-2022 年）

項目	內容
願景或目標	<ul><li>網路建設目標：到 2022 年，運營商 5G 網路投資累計超過 300 億元，實現首都功能核心區、城市副中心、重要功能區、重要場所的 5G 網路覆蓋</li><li>技術發展目標：科研單位和企業在 5G 國際標準中的基本專利擁有量占比 5%以上，成為 5G 技術標準重要貢獻者，重點突破 6GHz 以上中高頻元器件規模生產關鍵技術和工藝</li><li>產業發展目標：5G 產業實現收入約 2,000 億元，拉動資訊服務業及新業態產業規模超過 1 萬億元</li></ul>
推動主軸	<ul><li>實施「一五五一」工程</li><li>「一」，即一個突破──突破中高頻核心器件技術等關鍵環節</li><li>「五五」即五大場景的五類應用──圍繞北京城市副中心、北京新機場、2019 年北京世園會、2022 年北京冬奧會、長安街沿線升級改造等「五」個重大工程、重大活動場所需要，開展 5G 自動駕駛、健康醫療、工業互聯網、智慧城市、超高清視頻應用等「五」大類典型場景的示範應用</li><li>最終培育「一」批 5G 產業新業態，帶動一批 5G 軟硬體產品產業化應用</li></ul>

資料來源：北京市經濟和信息化局，資策會 MIC 經濟部 ITIS 研究團隊整理，2021 年 9 月

「5G+工業互聯網」512工程推進方案

項目	內容
願景或目標	<ul><li>到 2022 年，突破一批面向工業互聯網特定需求的 5G 關鍵技術，「5G+工業互聯網」產業支撐能力顯著提升</li><li>培育形成 5G 與工業互聯網融合疊加、互促共進、倍增發展的創新態勢，促進製造業數位化、網路化、智慧化升級，推動經濟高質量發展</li></ul>
推動主軸	<ul><li>提升「5G+工業互聯網」網路關鍵技術產業能力：加強技術標準、加快融合產品研發和商業化、加快網路技術和產品部署實施</li><li>提升「5G+工業互聯網」創新應用能力：打造 5 個內網建設改造公共服務平台、遴選 10 個「5G+工業互聯網」重點行業、挖掘 20 個「5G+工業互聯網」典型應用場景</li><li>提升「5G+工業互聯網」資源供給能力：打造項目庫、培育解決方案之供應商、建立供給資源池</li></ul>

資料來源：工信部，資策會 MIC 經濟部 ITIS 研究團隊整理，2021 年 9 月

關於推動工業互聯網加快發展的通知

項目	內容
願景或目標	為落實中央關於推動工業互聯網加快發展的決策部署，統籌發展與安全，推動工業互聯網在更廣範圍、更深程度、更高水準上融合創新，培植壯大經濟發展新動能，支援實現高品質發展，故加快新型基礎設施建設、拓展融合創新應用、健全安全保障體系、壯大創新發展動能及完善產業生態布局
推動主軸	<ul><li>改造升級工業互聯網內外網路、完善工業互聯網標識體系、提升工業互聯網平台核心能力、建設工業互聯網大數據中心</li><li>積極利用工業互聯網促進復工復產、深化工業互聯網行業應用、促進企業上雲上平台、加快工業互聯網試點示範的推廣普及</li><li>建立企業分級安全管理制度、完善安全技術監測體系、健全安全工作機制、加強安全技術產品創新</li><li>加快工業互聯網創新發展工程建設、深入實施「5G+工業互聯網」512 工程、增強關鍵技術產品供給能力</li><li>促進工業互聯網區域協同發展、增強工業互聯網產業集群能力、統籌協調各地差異化開展工業互聯網相關活動</li></ul>

資料來源：工信部，資策會 MIC 經濟部 ITIS 研究團隊整理，2021 年 9 月

北京市關於促進北斗技術創新和產業發展的實施方案（2020年-2022年）

項目	內容
願景或目標	• 為加強全國科技創新中心建設，推動北京市北斗技術創新和產業發展，特制定本實施方案 • 到2022年，北斗導航與位置服務產業總體產值超過1,000億元，建設一個具有全球影響力的北斗產業創新中心，形成一套北斗產業融合應用的標準體系 • 打造一個國際領先的新一代時空資訊技術應用示範區，實現北斗系統在關係國家安全與國計民生的關鍵行業領域全面應用
推動主軸	• 提升「高精度+室內外」定位服務能力，建設高精度信號服務網及重點區域室內定位網 • 發揮「服務+資料」公共平台價值，完善北斗導航與位置服務產業公共平台與空間資料運營服務雲平台 • 授時定位、地圖服務、個性化位置服務、智慧城市、智慧物流、安防監控、智慧農業、資產監管、環境監測、智慧網聯汽車、無人機和小型機器人 • 研發面向5G手機的多感測器融合定位軟體IP核及雲端性能增強技術，構建高精度室內外無縫導航新型商業模式 • 結合物聯網、大數據、AR/VR等技術實現智慧巡檢、作業管理、設施普查、應急救援、災害預警等環節的全面應用 • 推動北斗高精度時間同步技術在軌道交通運營管理的普及化應用 • 建設城市資訊模型網（Internet of CIM）資料平台與全過程動態監測預警資訊化網路 • 城市生態環境保護、智慧出行服務、高效物流提升、智慧冬奧

資料來源：北京市經濟和信息化局，資策會MIC經濟部ITIS研究團隊整理，2021年9月

4. 臺灣

服務型智慧政府 2.0

項目	內容
願景或目標	為運用開放資料強化智慧政府治理能量,並鼓勵民間多元應用,創造資料經濟,推升我國數位競爭能力,政府自110年度起執行「服務型智慧政府2.0推動計畫」(110-114),將以民眾需求為出發點,深化智慧政府各項作為,同時厚植數位經濟基礎及加強數位治理效能,打造精準可信賴的智慧政府
主要內容	<ul><li>針對民生領域強化數位服務,簡化民眾申辦程序,透過智能應用加強為民服務模式,提供民眾更好的服務與體驗</li><li>利用新興科技強化民眾對政府的信任,並善用多元身分識別技術,建構跨機關全程線上服務,以資料為基礎,提供個人精準服務</li><li>建立政府資料申請、授權、收費等原則性規定及開放資料諮詢、輔導機制,並擴大釋出高價資料集、資料再利用程序化、跨領域資料互通使用</li><li>優先推動民生相關的資料集,例如大眾運輸、金融商品等,並導引政府善用資料及樹立資料應用典範</li><li>以解決民生關切議題出發,從過往的資料輔助決策,進展到利用資料分析找出決策缺口,釐清政策推動瓶頸或民意輿論焦點,透過串聯跨機關、跨業務之資料,運用分析模式與演算法,提供決策輔助,循證式訂定政府施政作為</li></ul>

資料來源:行政院新聞,資策會 MIC 經濟部 ITIS 研究團隊整理,2021 年 9 月

臺灣顯示科技與應用行動計畫

項目	內容
願景或目標	2020 至 2025 年，5 年預計投入 177 億元，聚焦智慧零售、交通、醫療和育樂等 4 大應用領域，以實現「Beyond Display—透過新興顯示科技與應用建構 2030 智慧生活」為願景，讓臺灣的先進科技產業，繼續居於國際領先地位
推動主軸	• 將推動國產化落地內需，建置最佳解決方案展示櫥窗，並協助產業加強國際行銷能力，提升臺灣國際品牌形象 • 擴展自造基地培育新創公司，提升國內顯示器領域創新能力 • 發展先進顯示技術與應用系統（如智慧感測、虛實融合及資訊安全等新興科技），並推動跨領域合作發展新技術，實現既有產線轉型並再創新價值 • 開發差異化材料與綠色製程技術，推動產業發展循環經濟模式 • 建構產業發展環境，除建立智慧零售、智慧交通、智慧醫療及智慧育樂 4 大生活實驗平台及溝通機制，促進產官學研合作，還要培育前瞻顯示科技跨領域整合研究創新應用及國際合作之人才，並引進國際人才 • 以政策性資源，如推動智慧顯示應用主題輔導計畫，促進智慧顯示跨域系統整合發展

資料來源：行政院科技會報，資策會 MIC 經濟部 ITIS 研究團隊整理，2021 年 9 月

臺灣 AI 行動計畫

項目	內容
願景或目標	政府為掌握 AI 發展的契機,繼宣示 2017 年為臺灣 AI 元年後,續於同年 8 月推出「AI 科研戰略」,並於 2018 年 1 月 18 日起推動 4 年期的「臺灣 AI 行動計畫」(2018 年至 2021 年),全面啟動產業 AI 化
主要內容	<ul><li>AI 人才衝刺:在千人智慧科技菁英方面,已在臺大、成大、清大、交大各成立一個「AI 創新研究中心」,涵蓋人工智慧技術、健康照護、智慧製造、智慧服務、智慧生技醫療等領域</li><li>AI 領航推動:晶片是支持 AI 運算的心臟,行政院科技會報辦公室成立跨部會「AI on Chip 示範計畫籌備小組」,已有台積電、聯發科等 15 家晶片設計與半導體廠商參與</li><li>建構國際 AI 創新樞紐:臺灣已成為全球矚目的 AI 創新應用舞台,國際級旗艦公司陸續在臺成立 AI 研發基地,並與臺灣本土 AI 產業鏈結,共構我國產業生態系統</li><li>法規與場域開放:在臺南沙崙建置臺灣第一座封閉式自駕車測試場域「臺灣智駕測試實驗室」並開始營運,並於 2018 年 12 月 19 日公布了全球第一套涵蓋陸、海、空的無人載具科技創新實驗條例。另建置民生公共物聯網,2018 年底已布建水、空、地、災各類感測器,即時及歷史感測資料約 7,000 站,供民間介接使用</li><li>產業 AI 化:從產業創新的實務需求出發,建立「產業出題,人才解題」機制,2018 年辦理第一梯次解題,共收到醫療生技、資訊服務、電商廣告、人力資源、監控安全、物聯網等 6 大產業之 32 家企業提出 53 題 AI 轉型需求,並媒合解題團隊解題,共產出 21 個解題方案</li></ul>

資料來源:行政院政策,資策會 MIC 經濟部 ITIS 研究團隊整理,2021 年 9 月

AI on chip 研發補助計畫

項目	內容
願景或目標	「發展核心技術、產出自主利基智慧運算軟體及AI on Device系統整合晶片」政策指導方向，以「AI on chip示範計畫籌備小組」整合跨部會及產學研團隊能量，並以政策工具鼓勵業界領軍投入AI晶片前瞻技術與產品發展，產出具有國際競爭力的產品、系統應用與服務，協助我國廠商在邊緣裝置端AI取得市場地位
主要內容	• 補助具有關鍵指標意義的AI晶片研發，藉此刺激臺灣AI晶片發展，協助臺灣半導體產業延續以往優勢，在AI仍能居於全球領先群 • 2019年7月在行政院指導下，攜手臺灣半導體協會成立臺灣人工智慧晶片聯盟AITA • AITA邀請廠商和學界加入，並成立AI系統應用、異質AI晶片整合、新興運算架構AI晶片、AI系統軟體等四大關鍵技術委員會 • 全力協助產業降低AI晶片研發成本10倍、縮短晶片軟體開發時程6個月以上、提升AI晶片運算效能2倍、建立自主專利，讓臺灣成為AI產業晶片的輸出國

資料來源：經濟部技術處，資策會MIC經濟部ITIS研究團隊整理，2021年9月

金融資安行動方案

項目	內容
願景或目標	將從強化主管機關資安監理、深化金融機構資安治理、精實金融機構資安作業韌性、發揮資安聯防功能等 4 大面向，提出 36 項資安措施，以 4 年為期分階段推動，希望作為各金融機構及公會檢討資安策略、管理制度及防護技術等遵循的指引，藉此強化我國金融業資安防護能力，打造安全、便利、不中斷的金融服務
主要內容	• 型塑金融機構重視資安的組織文化 • 強化新興科技的資安防護 • 系統化培育金融資安專業人才 • 深化資安情資分享與國際合作 • 建構資源共享的資安應變機制 • 建置金融資安監控協同體系 • 鼓勵導入資安國際標準 • 落實復原應變運作機制

資料來源：行政院新聞，資策會 MIC 經濟部 ITIS 研究團隊整理，2021 年 9 月

5+2 科研計畫 2.0

項目	內容
願景或目標	導入 AI、5G 兩項技術，強化新興產業、新科技發展，並透過《產創條例》等既有法規政策的支持，要在接下來的四年內實現產業再升級的目標
主要內容	• AI、5G 技術實現後，導入 5+2 現有產業 • 導入新技術發展、實現智慧機械等先進應用 • 藉由《產創條例》等法規政策，鼓勵產業發展 • 協助企業未來輸出先進應用至新南向國家等地

資料來源：行政院，資策會 MIC 經濟部 ITIS 研究團隊整理，2021 年 9 月

臺灣 5G 行動計畫（2019 年至 2022 年）

項目	內容
願景或目標	- 打造智慧醫療、智慧製造、智慧交通等 5G 應用國際標竿場域 - 建構 5G 技術自主與資安能力，打造全球信賴的 5G 產業供應鏈 - 以 5G 企業網路深化產業創新，驅動數位轉型 - 實現隨手可得 5G 智慧好生活，均衡發展幸福城鄉
推動主軸	- 推動 5G 垂直應用場域實證，於各地廣設 5G 多元應用實驗場域（如臺北流行音樂中心、林口新創園區、沙崙創新園區），並帶動國內廠商參與，建立 5G 驗證實績，加速 5G 商轉普及 - 營造 5G 跨業合作平台，扶植 5G 新創業者並降低技術、資金、法規等門檻，廣納各領域業者進入市場，健全 5G 產業生態系 - 透過各種管道培育 5G 技術與應用人才，滿足 5G 產業發展需求；同時結合國內廠商力量，建構民生公共物聯網、文化科技、智慧醫療等 5G 創新應用標竿實例，帶動 5G 產業茁壯發展 - 完備 5G 技術核心及資安防護能量，制訂 5G 資安國家整體政策，推動國內廠商進入國際 5G 可信賴供應鏈 - 依產業需求、市場發展趨勢、及國際脈動，分階段逐步進行 5G 頻譜釋照 - 與日本、德國、英國等國家同步規劃 5G 專網發展機制，鼓勵創新應用，例如遠距醫療照護偏鄉長輩健康、智慧安全守護鄰里安全及智慧製造提升工業安全等領域 - 調整法規創造有利發展 5G 環境，精進 5G 電信管理法規，放寬電信市場之創新應用及跨業合作彈性，促進 5G 網路基礎設施共建共用

資料來源：行政院科技會報，資策會 MIC 經濟部 ITIS 研究團隊整理，2021 年 9 月

領航企業研發深耕計畫

項目	內容
願景或目標	以「研究」（國際大廠在臺深耕研發）、「共創」（臺商與國際大廠共同創新）及「發展」（帶動臺商發展應用加值及服務）為架構，優先推動新興半導體、新世代通訊、人工智慧3大核心科技，吸引國際大廠來臺成立研發中心，結合國內產業鏈，加速布局臺灣研發體系，以強化我國產業領導性技術研發實力，引領臺灣從代工製造大國轉型為研發創新強國
推動主軸	<ul><li>推動新興半導體，除將爭取如美光等國際大廠投資，研發下世代記憶體外，並爭取國際大廠與國內企業研究，共創異質晶片產業鏈，穩住臺灣晶圓代工王國地位</li><li>促進國內企業加速產品應用發展，滿足自駕車、智慧手機、資料中心等創新產品所需</li><li>推動新世代通訊—5G網路新架構，涵蓋開放式5G網路新架構、電信級網通產品等</li><li>爭取如進思科和國際電信等國際大廠，投入研發電信級網路系統，擴大出口，提供全球值得信任的高性價比5G解決方案</li><li>吸引國際大廠與國內企業合作建構新型態5G產業鏈，打造5G方案的臺灣品牌。</li><li>推動人工智慧（AI），爭取如微軟、亞馬遜、谷歌等國際大廠，打造新興AI平台，建構智慧國家AI生態系</li><li>爭取國際大廠與國內企業共創在地化AI產業鏈，使我國成為「企業對企業」（B2B）AI解決方案輸出國</li><li>推動國內企業發展產業AI化解決方案，打造產業AI化創新聚落</li></ul>

資料來源：行政院，資策會MIC經濟部ITIS研究團隊整理，2021年9月

太空發展法草案

項目	內容
願景或目標	為促進我國太空產業的健全發展,希望結合我國既有半導體、資通訊、精密機械等產業,開拓太空新藍海商機
主要內容	• 預計10年投入250億元國家太空計畫,用來扶植衛星產業、培養太空科技人才 • 第三期太空計畫規劃衛星,是國產元件飛試平台,通過驗證後就能進軍國際市場,增加臺灣廠商的技術與產品附加價值 • 將投入 B5G(Beyond 5G)低軌通訊衛星產業,政府 2021 至 2024 年投入 40 億元,開發國內第一顆實驗型低軌衛星通訊技術開發與系統建置

資料來源:行政院新聞,資策會 MIC 經濟部 ITIS 研究團隊整理,2021 年 9 月

2016-2020 資訊教育總藍圖

項目	內容
願景或目標	以「深度學習、數位公民」為願景,從學習、教學、環境、與組織四個面向規劃目標,並依目標規劃出 24 項發展策略,期望在 2020 年,我國學生能具備深度學習的關鍵能力,同時成為數位時代下負責任與良好態度的數位公民
推動主軸	• 學習:培養關鍵能力,養成創新實作及自主學習之數位公民 • 教學:強化培訓機制,支援教師發展及善用深度學習之策略 • 環境:打破時空限制,提供學生隨時隨地學習之雲端資源 • 組織:健全權責分工,落實資訊專業人力合理配置與進用

資料來源:教育部,資策會 MIC 經濟部 ITIS 研究團隊整理,2021 年 9 月

《2015-2019 年學生參加國際資訊類及技能競賽歷年成績統計》

	2015	2016	2017	2018	2019
國際程式競賽 (ACM – ICPC) (排名)	臺大(28)	臺大(14)、 交大(44)	臺大(20)	臺大(14)	臺大(5)
國際技能競賽 (排名)	5金7銀 5銅19優勝	-	4金1銀 5銅27優勝	-	5金5銀 5銅23優勝

資料來源:教育部,資策會 MIC 經濟部 ITIS 研究團隊整理,2021 年 9 月
說明:國際技能競賽每 2 年舉辦 1 次

三、資服業大廠動態

（一）Amazon

附表 1-1　Amazon 2020-2021 年大廠動態

年／月	事件
2021/07	• 傑夫·貝佐斯（Jeff Bezos）於 7 月 5 日卸任亞馬遜執行長，並由 AWS 負責人 Jassy 繼任 • Amazon 正在華盛頓地區 Chevy Chase 籌備第二家 Amazon Fresh 全方位服務雜貨店 • Amazon 推出 Kindle Vella，以移動為先的交互式閱讀體驗連載故事
2021/06	• Amazon 宣布了 14 個新的可再生能源項目，現在全球共有 232 個，成為美國最大的可再生能源企業買家 • Amazon 宣布在 Baton Rouge 開設新的機器人配送中心
2021/05	• Amazon 以 84.5 億美元買下知名電影製作公司米高梅（MGM），讓旗下 Prime Video 挑戰 Netflix
2021/04	• Amazon 斥巨資收購 UPS 和 FedEx • 2017 年以 137 億美元購併美國「全食超市」（Whole Foods Market），現在將引入掌上掃描支付系統，此前，該技術僅在 Amazon 的十幾家實體店提供 • 與 Ula 簽署合同，發射 9 顆 Kuiper 專案互聯網衛星
2021/03	• 將在英國開設首家落腳美國以外國家的實體無人商店—亞馬遜生鮮超市（Amazon Fresh）
2021/02	• 與印度信實集團（Reliance Industries）打起官司，其導火線為信實集團對印度第 2 大零售連鎖業者「未來集團」（Future Group）的收購交易
2021/01	• 收購電商平台公司 Selz，好與 Shopify 和電商軟體公司 BigCommerce 等競爭 • Amazon 於 2018 年以 10 億美元買下視頻門鈴和家庭安全新創公司 Ring，並推出了 Neighbors，而該應用程式出現安全漏洞，導致用戶的準確位置和家庭地址洩漏 • 從達美航空（Delta Air Lines）與西捷航空（WestJet）手上購買 11 架的二手波音 767-300 飛機，以提升運送效率
2020/12	• 宣布收購 Wondery，增強 Amazon Music 應用的非音樂內容
2020/08	• 擬收購 Rackspace 部分股權，拓展 AWS 雲端服務
2020/06	• 收購自動駕駛新創 Zoox，價值超過 10 億美元

資料來源：資策會 MIC 經濟部 ITIS 研究團隊整理，2021 年 9 月

（二）AWS

附表 1-2　AWS 2020-2021 年大廠動態

年／月	事件
2021/07	• AWS 正式推出雲端儲存區域網路 Amazon EBS io2 Block Express 磁碟區服務，可用來支援超大規模 I/O 密集的應用程式和資料庫 • AWS 宣布全面推出 Amazon HealthLake
2021/06	• AWS 正式推出 Amazon Location，將與 Google 競爭 • AWS 被指定為 Swisscom 的首選公共雲提供商，以加速數字化轉型戰略並轉向雲原生 5G 網路 • AWS 宣布舉辦 AWS BugBust，這是世界上第一個尋找和修復 100 萬個軟體錯誤的全球競賽 • AWS 和 Salesforce 宣布建立廣泛的合作夥伴關係，以統一開發人員體驗並推出新的智能應用程式 • 法拉利選擇 AWS 為其官方雲提供商，以推動道路和賽道創新 • AWS 將在 2023 年上半年於以色列開設數據中心 • 加拿大最大的金融機構之一 BMO 金融集團選擇 AWS 為其首選雲提供商 • AWS 宣布 AWS Proton 全面上市，AWS Proton 是第一個完全託管的容器和無伺服器應用程式交付服務
2021/05	• AWS ECS Anywhere 正式上線，企業現可在本地端使用 Amazon ECS • AWS 將在明年上半年於拉伯聯合大公國（UAE）開設三個數據中心 • Schlumberger 宣布與 AWS 展開合作，在 AWS 雲端部署由 DELFI* 認知 E&P 環境支援的以網域為中心的數位解決方案
2021/04	• 推出雲端視覺特效協作工具 Nimble Studio，已於美西、美東、加拿大、歐洲等地區提供 • 推出 Amazon FSx File Gateway 服務，供用戶快速存取雲端檔案伺服器資料 • ABB 與 AWS 合作開發基於雲端的數位解決方案、單視圖平台，以用於電動汽車即時車隊管理 • Tigo Business 與 AWS 合作，在中美洲，巴拿馬和哥倫比亞提供雲服務
2021/03	• 華米科技宣布與 AWS 達成戰略合作，將全面採用 AWS 雲端解決方案 • 大數據公司 Palantir 宣布，所有 AWS 的客戶，將可以在 AWS 平台上，使用該公司新開發的企業資源規劃（ERP）系統
2021/02	• Daimler（戴姆勒）的自動駕駛卡車公司 Torc Robotics 選擇 AWS 作為首選雲提供商
2020/12	• 宣布 Twitter 將使用 AWS 為全球雲基礎架構提供商，嘗試使用公

年／月	事件
	有雲擴展即時服務 • AWS 在 Re：Invent 大會上針對醫療及製藥業推出健康照護、生技業專用的資料湖服務 Amazon HealthLake
2020/11	• 資安廠商趨勢科技宣布其混合雲防護已與 AWS Gateway Load Balancer（GWLB）服務整合，滿足企業遠距辦公需求 • AWS 預計 2022 年下半年啟用瑞士地區級（Region）雲端資料中心，微軟、Google 與 AWS 三大公有雲地區級雲端中心將聚於瑞士 • 鴻海宣布與 AWS 攜手，在「MIH EV 軟硬開放平台」深化合作

資料來源：資策會 MIC 經濟部 ITIS 研究團隊整理，2021 年 9 月

（三）Apple

附表 1-3　　Apple 2020-2021 年大廠動態

年／月	事件
2021/07	• Apple 正加速對經濟適用房計畫的支持，過去 18 個月，已為加州各地的項目部署了超過 10 億美元 • 澳大利亞教育工作者採用 Swift，一種由 Apple 開創的強大而直觀的開源編程語言，為學生取得他們所需的技能
2021/06	• Apple Tower Theatre 零售店於洛杉磯市中心開幕 • Apple 宣布推出 Apple Podcasts 訂閱制，為 Podcast 高級訂閱服務提供全球市場 • Apple 今天發表了最新工具及技術 Xcode Cloud，協助開發者打造互動體驗更高的 APP，並讓開發優質 APP 的過程更容易 • Apple 在 iOS 15 中推出安全分享及全新分析，讓個人健康再升級
2021/05	• Apple Via del Corso 於 5 月 27 日在羅馬開幕 • Apple 宣布推出專為行動不便、視障、聽障和認知障礙人士設計的軟體功能
2021/04	• 推出 Apple Podcast 訂閱制，與 Spotify 正面對決 • Apple 與合作夥伴推出業界首創的 2 億美元 Restore Fund 基金，加速推動應對氣候變遷的大自然解決方案
2020/10	• 5,000 萬美元收購專精於先進 AI 人工智慧和電腦視覺技術的新創公司 Vilynx，以改善 APP
2020/08	• 收購夢工廠(DreamWorks Animation)旗下 VR 視訊會議平台 Spaces • 收購加拿大行動支付新創公司 Mobeewave
2020/06	• 收購 Mac 及 iOS 裝置管理工具業者 Fleetsmith • 收購機器學習新創公司 Inductiv Inc
2020/05	• 收購 VR 播放平台商 NextVR
2020/04	• 收購熱門天氣預報 APP – Dark Sky • 收購語言分析專業的人工智慧新創公司 Voysis，用來提升 Siri 的語言判斷能力

資料來源：資策會 MIC 經濟部 ITIS 研究團隊整理，2021 年 9 月

（四）Facebook

附表 1-4　Facebook 2020-2021 年大廠動態

年／月	事件
2021/07	• 到 2022 年底，計劃投資超過 10 億美元，為創作者提供新的方式來給他們在 Facebook 和 Instagram 上創作的內容賺錢 • 推出 Instagram 安全檢查，這是一項幫助人們保護其帳戶安全的新功能 • 在美國地區推出了基於 Android 和網路的雲遊戲，今覆蓋美國大陸超過 98％，有望在今年秋季達到 100%
2021/06	• 收購群眾外包地圖公司 Mapillary，結合機器學習與社群合作提升地圖品質 • 推出 Bulletin，一套用於支持美國創作者的發布和訂閱工具 • Facebook 加入歐洲氣候公約並承諾採取行動建設更綠色的歐洲 • 開源了 FLORES-101，這是一個首創的多對多評估數據集，涵蓋了來自世界各地的 101 種語言
2021/05	• VR 作品《Onward》的開發商 Downpour Interactive 被收購，並將加入 Oculus Studios 團隊 • 與微軟合作，啟動 PyTorch 企業支持計畫，服務提供商將為其客戶開發並提供量身訂製的企業級支持
2021/04	• 揭露 Boombox 計畫，宣布將與 Spotify 建立合作 • 發表三款新服務，包含：Soundbites 的短語音服務、語音聊天室服務 Live Audio Rooms 以及自己的 Podcast 功能 • 計劃成立語音創作者基金，向為 Soundbites 提供內容的創作者給予報酬 • Facebook 5.33 億用戶的個人訊息被公開在網路上，且無需付費就可取得，被洩漏的用戶涵蓋 106 個國家，其中包括 3,200 萬個美國用戶、1,100 萬個英國用戶、600 萬個印度用戶
2021/03	• Facebook 支持的加密項目 Diem 放棄了瑞士許可證申請，將移至美國
2020/11	• 宣布將收購專門協助商家在網路與客戶互動的新創公司 Kustomer
2020/10	• 推出 #BuyBlackFriday，支持黑人擁有的企業 • 宣布雲遊戲平台的封閉測試版，以擴展 Facebook 上的手機遊戲庫
2020/05	• 收購 Giphy，並將整合至 Instagram
2020/03	• 推出 COVID-19 資訊中心

資料來源：資策會 MIC 經濟部 ITIS 研究團隊整理，2021 年 9 月

（五）Google

附表 1-5　Google 2020-2021 年大廠動態

年／月	事件
2021/07	• Google News Initiative 正在與倫敦政治經濟學院新聞智庫 Polis 合作，為 20 名媒體專業人士開設培訓學院，以學習如何使用 AI 來支持他們的新聞工作 • Google News Showcase 是為新聞出版商提供的新產品和許可計劃，將在奧地利推出 • 推出 Footy Skills Lab，由 Google AI 提供支持的免費平台，可通過控球、決策和踢球三個難度級別的活動來提高客戶的足球技能 • Open Buildings 是新的開放訪問數據集，使用 AI 繪製非洲建築圖 • 與 NSF 合作建立 AI 研究所，以改善對老年人的護理
2021/06	• Douglas Coupland 融合人工智慧和藝術，供 Coupland 用作靈感，為 2030 屆畢業生創建 25 個 Slogans • 宣布了與 Jio Platforms 合作的後續步驟，包括一款全新、經濟實惠的 Jio 智能手機，該智能手機採用優化的 Android 作業系統版本以及由 Google Cloud 提供支持的全新 5G 協作
2021/05	• 宣布與美國連鎖醫院 HCA Healthcare 達成合作，將利用病患的數據開發醫療演算法，協助醫生進行決策 • Google 與三星宣布將 Wear OS 與 Tizen OS 整合成單一平台，目前將其簡稱為「Wear」
2021/04	• Google 宣布將整合 Android 手機上的加速器，透過演算法推算周邊的移動狀況與速率變化，藉此讓用戶的手機變為小型的地震儀 • 收購 3D 音訊技術新創 Dysonics
2021/03	• Google 雲端正式推出醫療保健同意書管理 API（Healthcare Consent Management API），因應遠端醫療需求 • Intel 聯手 Google，協助 5G 原生雲創新
2021/02	• Google 首度揭露雲端業務的營運數據，顯示過去 3 年來已累積接近 150 億美元（約新臺幣 4,000 億元）的巨額虧損
2021/01	• 完成收購穿戴式裝置廠商 Fitbit，斥資 21 億美元
2020/12	• 行動處理器龍頭高通（Qualcomm）和 Google 合作強化並擴展 Project Treble，目的在於在讓更多搭載高通 Snapdragon 行動平台的裝置能夠運行最新版本的 Android 作業系統 • 宣布將收購數據管理和災難恢復供應商公司 Actifio，收購完成後，Actifio 將會併入 Google Cloud • 收購 Neverware 公司與旗下 CloudReady 作業系統，讓舊 PC、Mac 重生為 Chromebook
2020/08	• 宣布將投資遠端醫療公司 Amwell 1 億美元，兩者將合作投入改善智慧醫療服務，攻入醫療雲端市場 • 將以 4.5 億美元收購家庭和企業安全系統供應商美國地區電報

年／月	事件
	（ADT）近 7% 的股份，鞏固自家 Nest
2020/07	• Google 母公司 Alphabet 收購加拿大智慧型眼鏡新創公司 North
2020/02	• Google Cloud 完成 Looker 26 億美元收購案

資料來源：資策會 MIC 經濟部 ITIS 研究團隊整理，2021 年 9 月

（六）IBM

附表 1-6　IBM 2020-2021 年大廠動態

年／月	事件
2021/08	• IBM 推出晶片內加速型人工智慧處理器 Telum
2021/07	• 班加羅爾國際機場有限公司與 IBM 合作進行數位和 IT 轉型 • 將 IBM Safeguarded Copy 與 FlashSystem 系列集成，為組織提供增強的數據保護和從網路攻擊中快速恢復的能力 • 佳能公司和 IBM 在日本開展娛樂和藝術合作 • IBM 收購 Bluetab 以擴展歐洲和拉丁美洲的數據和混合雲諮詢服務 • IBM 將收購 Premier 混合雲諮詢公司 • Atos 和 IBM 合作為荷蘭國防部構建安全的基礎設施 • Heifer International 和 IBM 與宏都拉斯的咖啡和可可種植者合作，以增加對數據和全球市場的訪問
2021/06	• IBM 翻新雲原生軟體產品組合 Cloud Paks，分為 6 大產品項目，涵蓋業務自動化工作流程平台、整合套件組、業務自動化工作流程平台、AIOps 解決方案、網路作業自動化產品組合，及資安解決方案 • IBM 決定加入臺灣台積電，也參與的日本「先進半導體製造技術聯盟」，和日本攜手研發先進半導體製造技術 • 台智數位科技攜手 IBM 助臺灣企業迎接 ESG 浪潮 • IBM 宣布德國斯圖加特建置歐洲的首台量子電腦「IBM Q System One」正式運行 • IBM 宣布推出全球首個 2 奈米晶片製造技術
2021/05	• 將收購雲計算諮詢公司 Taos Mountain，表明對混合雲和 AI 的側重
2021/04	• 與專利 IP 商 IPwe 合作，把專利鑄成 NFT，並儲存於 IBM Cloud 區塊鏈 • 2020 年 10 月分拆出的基礎架構管理業務有了正式公司名稱，名為 Kyndry • 宣布收購義大利流程採礦軟體新創業者 myInvenio，未來將整合到 IBM 雲端流程服務中 • 推出可在 x86 Linux 環境運作的 COBOL 版本，使 COBOL 應用程式也能雲端化 • 計劃以 20 億美元收購軟體供應商 Turbonomic，完善該公司的 AIOps 產品
2021/03	• 與工業解決方案供應商 Lumen 合作，推出混合雲平台 Cloud Satellite • 為強化工業物聯網（IIoT）安全性，西門子（SIEMENS）、IBM 以及紅帽（Red Hat）宣布將共同推出全新合作計畫，透過混合雲技術為製造業者和工廠營運者提供開放、靈活且更安全的解決方案 • 與印度珠寶零售商 Joyalukkas 合作開發雲電子商務平台

年／月	事件
2021/02	• Vodafone 和 IBM 將在葡萄牙啟動 Vodafone 虛擬私有雲
2020/12	• 宣布收購芬蘭雲端諮詢服務提供商 Nordcloud，期望在雲端運算獲得優勢 • Mimik Technology 宣布正與 IBM 開發基於混合邊緣技術與 AI 基礎架構相結合的轉型解決方案，以幫助製造、零售、物聯網與醫療保健等相關廠商自動化、數位化轉型 • 三星電子宣布與 IBM 展開最新合作計畫，聚焦研發邊緣運算、5G 及混合雲解決方案，實現工業 4.0 願景
2020/10	• 為了加速轉向混合雲及 AI 業務，將管理伺服器、儲存、網路等的服務部門由全球科技服務（GTS）獨立出來，成為全球最大的基礎架構管理服務供應商，業務規模高達 190 億美元

資料來源：資策會 MIC 經濟部 ITIS 研究團隊整理，2021 年 9 月

（七）微軟（Microsoft）

附表 1-7　微軟（Microsoft）2020-2021 年大廠動態

年／月	事件
2021/08	<ul><li>匯豐銀行和微軟聯手支持新的 Feeding America® 勞動力發展計畫</li><li>三星擴大與微軟的合作夥伴關係，包括為其可折疊產品量身訂製的應用程序</li><li>安永和微軟宣布擴大合作，以推動跨行業的 150 億美元增長機會和技術創新</li><li>Microsoft Garage 與空軍軍官合作以促進員工主導的創新</li><li>宣布 Microsoft Dynamics 365 智能訂單管理全面上市，這是一種基於雲的解決方案</li></ul>
2021/07	<ul><li>微軟發表 Windows 365，開創 Cloud PC 為全新雲端運算類別</li><li>微軟與趨勢科技共同宣布展開新的合作，雙方將共同開發 Microsoft Azure 上的雲端資安解決方案</li><li>新光金控 AI Hackathon 以微軟 Azure 平台，激發員工 AI 創新，邁向數位轉型</li></ul>
2021/06	<ul><li>微軟重新推出 Cortana 語音助理，使用者可在 Outlook 用語音寫信、排程與搜尋</li><li>蘋果、微軟、Google 和 Mozilla 近期宣布將成立 WebExtensions Community Group（WECG），制定瀏覽器外掛程式的共同架構，讓外掛程式能同時在 Safari、Chrome、Edge 以及 Firefox 上都能使用</li><li>更新 Office 應用程序，幫助擁有遠程和現場員工組合的公司</li><li>Visual Studio 2022 預覽版開放下載</li><li>Microsoft 365 功能增加，包括免費 Visio 應用、Outlook 語音調度和 OneDrive for macOS Perks</li><li>於 6 月 24 日推出新版 Window（Window11）</li><li>微軟升級 Microsoft Teams 會議室，全新功能包括 Microsoft Teams 會議室、Fluid 等</li></ul>
2021/05	<ul><li>微軟宣布年底前將在 10 個新城市建置 Azure 資料中心</li><li>微軟中國大陸分公司與零售科技公司漢朔科技（Hanshow）建立戰略合作夥伴關係，為全球商店運營商合作開發基於雲端服務的軟體</li><li>微軟正式宣布 2022 年 6 月 15 日將終止支援 IE 服務</li><li>微軟將為美國陸軍提供 12 萬台軍用 HoloLens 混合實境頭戴裝置</li></ul>
2021/04	<ul><li>微軟正式宣布以 197 億美元（約新臺幣 5,600 億元）的價格買下語音辨識 AI 公司 Nuance</li><li>微軟終止獨立 Cortana 服務，將整合到旗下各個產品</li></ul>
2021/03	<ul><li>正式終止對 Microsoft Edge Legacy 的支援</li><li>釋出 Microsoft Edge 89</li></ul>

年／月	事件
	• 微軟電郵系統遇駭，殃及歐洲銀行管理局
2021/02	• 微軟、Bosch（博世）合作開發汽車軟體平台 • 推出製造、金融、非營利組織三朵產業雲：金融雲 Microsoft Cloud for Financial Services、製造雲 Microsoft Cloud for Manufacturing 及非營利事業雲 Microsoft Cloud for Nonprofit
2021/01	• 投資通用汽車及自動駕駛子公司 Cruise，成為長期戰略合作夥伴
2020/11	• 宣布於瑞典成立第一個由 100% 可再生能源提供動力的資料中心園區
2020/10	• 投資英國自動駕駛新創公司 Wayve • 微軟與 SpaceX 合作推出太空雲端服務
2020/07	• 收購電腦視覺新創 Orions Systems • 收購軟體開發公司 Movial
2020/06	• 收購數據模型公司 ADRM software • 收購資安公司 CyberX，強化 IoT
2020/05	• 收購電信軟體公司 Metaswitch • 收購機器人流程自動化（RPA）新創公司 Softomotive
2020/03	• 收購 5G 雲端新創 Affirmed Networks

資料來源：資策會 MIC 經濟部 ITIS 研究團隊整理，2021 年 9 月

（八）Oracle

附表 1-8　Oracle 2020-2021 年大廠動態

年／月	事件
2021/08	• 推出 Oracle Verrazzano 企業容器平台 • Oracle 雲端基礎設施輔助 Toyota Mapmaster 地圖製作的數位轉型 • 宣布為 MySQL HeatWave 服務推出 MySQL Autopilot
2021/07	• Oracle Communications 的雲原生融合計費和計費解決方案支持電信提供商在亞洲的移動和下一代 5G 服務 • TTX 公司將財務、供應鏈和 HR 遷移到 Oracle 雲，以提高效率並快速響應不斷變化的客戶需求 • Servier 選擇 Oracle Health Sciences 的 Clinical One 雲平台來優化關鍵臨床試驗的速度和數據準確性 • 金州勇士隊和 Oracle 今天宣布 NBA 最先進的訓練和恢復中心由 Oracle 提供支持 • Telenor 選擇了 Oracle Communications Billing and Revenue Management（包括 Oracle Converged Charging）來為 5G 奠定基礎 • 東南亞商業股份銀行（SeABank）通過 Oracle 金融服務績效和資產負債表管理套件的產品實現了業務轉型
2021/06	• 歐洲聯邦銀行擴大與甲骨文和 Infosys 的合作，通過 Oracle CX 平台提供更好的客戶體驗 • 通過來自小型初創公司 NetFoundry 的 ZTNA 技術來增強 Oracle 雲端和網路安全功能 • Oracle 通過 Skills Insights 幫助組織建立更加敏捷的員工隊伍 • Oracle 承諾到 2025 年實現 100%可再生能源 • Oracle 雲幫助英國政府提高整個公共部門的效率、成本節約和生產力
2021/05	• 牛津大學和 Oracle 合作，加快 COVID-19 變體的識別 • Oracle 與 Dish Wireless 簽訂雲計算合同，Dish 選擇 Oracle Cloud 為 5G 網路提供基於服務的架構
2021/04	• 美國最高法院宣布，Google 使用甲骨文原始碼開發 Android 操作系統，並未違反聯邦版權法
2021/03	• 聘請 Microsoft 高管 Doug Smith 擔任新的戰略合作夥伴，由他負責與雲端及獨立軟體供應商相關的事務 • 中國大陸獨立的在線營銷和企業數據解決方案提供商 iClick 宣布與 Oracle 合作，推出量身訂製的 SaaS 產品 • Saama 與 Oracle 合作提供生命科學行業基於 AI 的應用程式，以加速臨床試驗
2021/02	• Oracle 擴展混合雲解決方案推出 Roving Edge 基礎設施，部署 IaaS 和 PaaS 服務執行低延遲運算
2020/07	• 推出 Autonomous Database on Exadata Cloud@Customer 自動化的資料庫管理服務

年／月	事件
2020/01	• Oracle 宣布併購藥物安全監控與回報系統的供應商 NetForce

資料來源：資策會 MIC 經濟部 ITIS 研究團隊整理，2021 年 9 月

（九）HPE

附表 1-9　HPE 2020-2021 年大廠動態

年／月	事件
2021/07	• HPE 通過收購雲數據管理和保護領域的領導者 Zerto 擴展 HPE GreenLake 邊緣到雲平台 • HPE 收購 Ampool 以加速客戶的混合分析
2021/06	• HPE 籌集 1.6 億歐元支持 PPRO • HPE、Nutanix 在 ProLiant 伺服器和 HPE GreenLake 上推出 Nutanix Era • 舉行 HPE Virtual Discover 2021，描述成為超級數位經濟中心的願景 • 發表最新 SAN 儲存陣列：HPE Primera 600 • Qumulo 與 HPE GreenLake 雲服務合作，為客戶提供 Qumulo 文件數據平台
2021/05	• HPE 發表新世代中階儲存陣列 Alletra 6000
2021/04	• 上福全球以 HPE SimpliVity 為 SAP HANA 備妥最可靠能量，融合資料分析轉型跨域服務供應商 • 擎昊攜手 HPE 推行 GreenLake 商業模式，協助企業規劃 IT 新架構 • HPE Nimble 儲存陣列與 Veeam Backup & Replication 軟體的深度整合，形成強大的「AI 全方位智能儲存資料保護解決方案」
2021/03	• HPE 為中端市場企業增加了模組化 GreenLake 服務 • 推出 HPE Open RAN Solution Stack，以實現商用 Open RAN 在全球 5G 網路中的大規模部署
2021/02	• HPE 與 NASA 合作在國際太空站部署邊緣運算系統 • HPE 新推出的 Spaceborne Computer-2 國際太空站邊緣運算系統 • 收購 CloudPhysics 使 IT 更加智慧化
2020/12	• HPE 宣布將總部從矽谷遷往德州休士頓
2020/10	• 宣布獲得超過 1.6 億美元的資金，將在芬蘭建設一台名為 LUMI 的超級電腦 • 亞崴機電與 HPE 合作，藉由 HPE Nimble Storage dHCI 智慧儲存融合式解決方案，同時滿足效能與空間的彈性擴充需求
2020/07	• 宣布併購軟體定義廣域網路業者 Silver Peak
2020/02	• 宣布併購雲端安全新創 Scytale，增加雲端大數據和雲端安全的實力

資料來源：資策會 MIC 經濟部 ITIS 研究團隊整理，2021 年 9 月

（十）Accenture（埃森哲）

附表 1-10　Accenture（埃森哲）2020-2021 年大廠動態

年／月	事件
2021/08	<ul><li>完成對 Exton Consulting 的收購</li><li>收購 LEXTA 以擴展 IT 基準、採購和諮詢方面的能力</li><li>完成對 DI Square 的 PLM 和 ALM 諮詢能力的收購</li><li>對 ixlayer 進行戰略投資，以擴大對虛擬診斷健康測試的訪問</li><li>完成對 IT 服務提供商 Trivadis AG 的收購</li><li>收購 Blue Horseshoe，深化以客戶為中心的供應鏈轉型能力</li></ul>
2021/07	<ul><li>完成對 Open Mind 的收購</li><li>收購 Workforce Insight，擴展紐約的企業勞動力管理能力</li><li>通過收購 Cloudworks 擴展了加拿大的 Oracle 能力</li><li>網路安全主管 Rick Driggers 加入埃森哲聯邦服務部</li><li>收購 Wabion 以通過擴展的 Google 雲功能加速雲優先戰略</li><li>Free2Move eSolutions 和埃森哲攜手加速能源向淨零轉型</li><li>完成對雲優先服務 Linkbynet 的收購</li><li>完成對 Nell'Armonia 的收購</li><li>收購 CS Technology 以擴展雲優先基礎設施工程能力</li><li>收購 Ethica Consulting Group，為義大利公司擴展 SAP®能力</li><li>埃森哲收購 IT 服務提供商 Trivadis AG，擴展數據和人工智慧能力，幫助企業加速數據驅動轉型</li><li>收購 HRC 零售諮詢以擴展零售戰略能力</li></ul>
2021/06	<ul><li>埃森哲宣布收購總部位於德國亞琛的工程諮詢和服務公司 umlaut</li><li>收購 Bionic 以幫助品牌推動客戶增長和創新</li><li>收購 Sentor 以加強其在瑞典的網路防禦和託管安全服務</li><li>對 Symmetry Systems 與數字支付公司 Imburse 進行戰略投資</li><li>埃森哲宣布有意收購戰略和業務管理諮詢公司 Exton Consulting</li><li>埃森哲聯邦服務部收購 Novetta 並為客戶任務帶來更先進的人工智慧、網路和雲功能</li></ul>
2021/05	<ul><li>微軟便攜手埃森哲、GitHub 及軟體諮詢公司 ThoughtWorks 一同成立了「綠色軟體基金會」（Green Software Foundation）</li><li>埃森哲和數位美元基金會合作，計劃在美國開始進行中央銀行數位貨幣（CBDC）的試驗</li><li>收購 Industrie&Co 以幫助澳大利亞客戶最大化雲優先投資並轉型為數字業務</li><li>埃森哲與資生堂成立合資公司，加速資生堂數字化轉型</li><li>埃森哲通過從 ThinkTank 收購資產來提升數字平台部署能力</li><li>收購 Electro 80 以幫助資源公司實現運營現代化並提高效率</li></ul>
2021/04	<ul><li>埃森哲完成對 Cygni 的收購，以擴展其雲優先和軟體工程能力</li><li>埃森哲對非洲金融科技初創公司 Okra 進行戰略投資</li></ul>

年／月	事件
	• Gavi 選擇埃森哲為疫苗聯盟的 COVAX 設施提供財務運營支持 • 埃森哲收購 Core Compete，擴展人工智慧驅動的供應鏈、雲和數據科學領域的能力和人才
2021/03	• 收購技術諮詢公司 REPL Group，以擴大其零售技術和供應鏈 • 埃森哲完成對 Imaginea 的收購以擴展雲功能 • 收購巴西的工業機器人和自動化系統公司 Pollux • 埃森哲與 Global Venture 建立戰略合作夥伴關係，進一步推動中東創新 • 收購領導力和人才諮詢公司 Cirrus，支持最高管理層轉型
2021/02	• 埃森哲與微軟擴大合作夥伴關係以支持英國低碳轉型 • 收購英國的 SAP 雲和軟體諮詢合作夥伴 Edenhouse • 埃森哲與 SAP 合作部署基於雲的 SAP 解決方案 • 收購 Infinity Works 擴展英國的雲優先產品和工程能力 • 收購 Edenhouse 以提升 SAP Cloud 在英國的能力和領導地位 • 埃森哲收購 Businet System 以幫助客戶快速、大規模地提供個性化、無縫的基於雲的電子商務體驗 • 埃森哲收購 Imaginea 以加速雲原生產品和平台工程服務
2021/01	• 埃森哲和 SAP®幫助組織通過 SAP RISE 實現業務轉型 • 收購 Wolox，在阿根廷和南美洲提升雲優先和數字化轉型能力 • 收購巴西資訊安全公司 Real Protect
2020/12	• 埃森哲和 CereProc 推出並開源了世界上第一個全面的非二進制語音解決方案 • 埃森哲幫助樂天移動推出完全虛擬化的雲原生移動網路 • Inversis 和埃森哲簽署戰略協議，為整個歐洲的金融公司開發投資服務外包解決方案 • 埃森哲完成對 OpusLine 的收購 • 埃森哲通過收購亞馬遜網路服務和微軟 Azure 專家公司 Olikka 增強了澳洲和紐西蘭的雲優先能力
2020/11	• 宣布將收購 End-to-End Analytics • 埃森哲收購 Arca 以增強其 5G 網路能力 • 埃森哲與 Orexo 團隊通過 INTIENT™平台提供數字治療
2020/10	• 武田與埃森哲和 AWS 合作以加速數位化轉型
2020/08	• 宣布併購總部位於義大利 Turin 的系統整合商 PLM Systems
2020/02	• 洛克威爾自動化和埃森哲的工業 X.0 宣布合作開發數位產品的計畫，以協助工業客戶超越現有的製造解決方案以轉型整體企業聯網

資料來源：資策會 MIC 經濟部 ITIS 研究團隊整理，2021 年 9 月

（十一）SAP

附表 1-11　SAP 2020-2021 年大廠動態

年／月	事件
2021/07	• 宣布將在未來 5 年內向英國投資 2.5 億歐元，並希望在 2026 年 11 月之前增加 250 個實習生名額 • SAVIC 通過面向北美客戶的 SAP、數據和雲現代化解決方案加速崛起並創造新的 IT 職業機會 • IBM 和 SAP SE 宣布，SAP 打算將 SAP 的兩個財務和數據管理解決方案加入 IBM Cloud for Financial Services，以幫助加速 IBM 雲在全球範圍內的採用 • The Energizer Bunny 利用 SAP 軟體推動財務轉型 • SAP SE 宣布，NBA 將利用 RISE 和 SAP 產品來促進全球體育和媒體業務的持續雲演進
2021/06	• 健身器材新創 Peloton 宣布投入智慧穿戴裝置市場，並與 SAP、三星等合作 • NTT DATA 加速 RISE with SAP 落地臺灣，助企業輕鬆轉型上雲 • 遠程協助提供商 TeamViewer 與 SAP 建立了新的戰略合作夥伴關係，提升 AR 系統，優化的工作流程及遠程支持推動工業環境中的數位化轉型 • 重新推出 Upscale Commerce，與 Shopify 的高端產品展開競爭
2021/05	• 為加速臺灣企業快速投入數位轉型，臺灣思愛普 SAP 推出 RISE with SAP 一站式解決方案
2021/04	• 推出「SAP 智慧機器人流程自動化（SAP Intelligent Robotic Process Automation, SAP Intelligent RPA）」，此為一款能跨系統實現端到端業務流程自動化的解決方案
2021/03	• 波士頓－BayPine LP 選擇 SAP SE 作為戰略技術合作夥伴 • SAP 發布了九個安全更新，包括對兩個新發現的關鍵漏洞的修復
2021/02	• Software AG 與 SAP 成為工業 4.0 數據上的合作夥伴
2021/01	• SAP、微軟深化合作，將把 Teams 整合進 SAP 應用
2020/12	• 鴻海與 SAP 戰略結盟，樹立工業 4.0 產業典範
2020/11	• SAP 助祥圃整合上下游數據，打造透明農食鏈
2020/09	• 緯穎導入 SAP on Azure，攜手微軟和 SAP 落實智慧生產
2020/07	• 透過在美國公開募股的方式，出售旗下軟體服務部門 Qualtrics 股權

資料來源：資策會 MIC 經濟部 ITIS 研究團隊整理，2021 年 9 月

四、參考資料

（一）參考文獻

1. 2021年九大策略性科技趨勢, Gartner, 2021年
2. 2020年十大策略性科技趨勢, Gartner, 2020年
3. 2020年全球基礎設施即服務市場調查報告, Gartner, 2021年
4. 2020年全球公有雲服務市場的調查報告, Gartner, 2020年

（二）其他相關網址

1. IMF，https：//www.imf.org/external/index.htm
2. HPE，https：//en.wikipedia.org/wiki/Hewlett_Packard_Enterprise
3. Microsoft，https：//en.wikipedia.org/wiki/Microsoft
4. IBM，https：//en.wikipedia.org/wiki/IBM
5. Oracle，https：//en.wikipedia.org/wiki/Oracle_Corporation
6. Accenture，https：//en.wikipedia.org/wiki/Accenture
7. SAP，https：//en.wikipedia.org/wiki/SAP
8. Symantec，https：//en.wikipedia.org/wiki/Symantec
9. Amazon,https：//en.wikipedia.org/wiki/Amazon_(company)
10. CSC，https：//en.wikipedia.org/wiki/DXC_Technology
11. NTT DATA，https：//en.wikipedia.org/wiki/NTT_Data
12. Dell，https：//en.wikipedia.org/wiki/Dell
13. DevOps，https：//en.wikipedia.org/wiki/DevOps
14. RPA，https：//en.wikipedia.org/wiki/RPA
15. TCS，https：//en.wikipedia.org/wiki/Tata_Consultancy_Services
16. GDPR，https：//en.wikipedia.org/wiki/General_Data_Protection_Regulation
17. Coincheck，https：//en.wikipedia.org/wiki/Coincheck
18. Binance，https：//en.wikipedia.org/wiki/Binance
19. McAfee，https：//en.wikipedia.org/wiki/McAfee
20. Skyhigh Networks，https：//www.skyhighnetworks.com/
21. VeriSign，https：//en.wikipedia.org/wiki/Verisign
22. Blue Coat，https：//en.wikipedia.org/wiki/Blue_Coat_Systems
23. Lifelock，https：//en.wikipedia.org/wiki/LifeLock

24. 5G，https：//en.wikipedia.org/wiki/5G
25. AIOT，https：//en.wikipedia.org/wiki/Internet_of_things
26. ICS，https：//en.wikipedia.org/wiki/Industrial_control_system
27. APT，https：//en.wikipedia.org/wiki/Advanced_persistent_threat
28. Uber，https：//en.wikipedia.org/wiki/Uber
29. Airbnb，https：//en.wikipedia.org/wiki/Airbnb
30. CNN，https：//en.wikipedia.org/wiki/Convolutional_neural_network
31. GAN，https：//en.wikipedia.org/wiki/Generative_adversarial_network
32. DeepFake，https：//en.wikipedia.org/wiki/Deepfake
33. Style2paints，https：//golden.com/wiki/Style2Paints
34. MLPerf，https：//mlperf.org/
35. WEF，https：//en.wikipedia.org/wiki/World_Economic_Forum
36. Trend Micro，https：//en.wikipedia.org/wiki/Trend_Micro
37. Forcepoint，https：//www.forcepoint.com/zh-hant
38. RSA，https：//en.wikipedia.org/wiki/RSA_(cryptosystem)
39. Radware，https：//en.wikipedia.org/wiki/Radware
40. Cisco，https：//en.wikipedia.org/wiki/Cisco_Systems
41. Palo Alto Network，https：//en.wikipedia.org/wiki/Palo_Alto_Networks
42. RPA，https：//en.wikipedia.org/wiki/Robotic_process_automation

國家圖書館出版品預行編目資料

> 資訊軟體暨服務產業年鑑. 2021 / 朱師右, 韓揚銘作. -- 初版. -- 臺北市 : 資策會產研所出版 : 經濟部技術處發行, 民 110.09
> 　　面 ; 　公分
> 　　經濟部技術處 110 年度專案計畫
> 　　ISBN 978-957-581-835-7(平裝)
>
> 　　1.電腦資訊業 2.年鑑
>
> 484.67058　　　　　　　　　　　　　　　　　　　110013814

書　　　名：2021 資訊軟體暨服務產業年鑑
發 行 人：經濟部技術處
　　　　　臺北市福州街 15 號
　　　　　http：//www.moea.gov.tw
　　　　　02-23212200
出版單位：財團法人資訊工業策進會產業情報研究所（MIC）
地　　　址：臺北市敦化南路二段 216 號 19 樓
網　　　址：http：//mic.iii.org.tw
電　　　話：（02）2735-6070
編　　　者：2021 資訊軟體暨服務產業年鑑編纂小組
作　　　者：朱師右、韓揚銘、童啟晟、張皓甯、張皓翔、楊淳安
其他類型版本說明：本書同時登載於 ITIS 智網網站，網址為 http：//www.itis.org.tw
出版日期：中華民國 110 年 9 月
版　　　次：初版
劃撥帳號：0167711-2『財團法人資訊工業策進會』
售　　　價：電子檔－新臺幣 6,000 元整；紙本－新臺幣 6,000 元
展售處：ITIS 出版品銷售中心/臺北市八德路三段 2 號 5 樓/02-25762008/
http：//books.tca.org.tw
ISBN：978-957-581-835-7
著作權利管理資訊：財團法人資訊工業策進會產業情報研究所（MIC）保有所有權利。欲利用本書全部或部分內容者，須徵求出版單位同意或書面授權。
聯絡資訊：ITIS 智網會員服務專線 （02）2732-6517
　　　　　著作權所有，請勿翻印，轉載或引用需經本單位同意

IT Services Industry Yearbook 2021

Published in September 2021 by the Market Intelligence & Consulting Institute.（MIC）, Institute for Information Industry

Address：19F., No.216, Sec. 2, Dunhua S. Rd., Taipei City 106, Taiwan, R.O.C.

Web Site：http：//mic.iii.org.tw

Tel：(02) 2735-6070

Publication authorized by the Department of Industrial Technology, Ministry of Economic Affairs

First edition

Account No.：0167711-2（Institute for Information Industry）

Price：NT$6,000

Retail Center：Taipei Computer Association

        Web Site：http：//books.tca.org.tw

        Address：5F., No. 2, Sec. 3, Bade Rd., Taipei City 105, Taiwan, R.O.C.

        Tel：(02) 2576-2008

All rights reserved. Reproduction of this publication without prior written permission is forbidden.

ISBN： 978-957-581-835-7